Character animation design
角色動畫設計

汪蘭川、張 娜、周 越◎編著

崧燁文化

PREFACE 序

　　近年來，隨著科學技術的發展和現代社會的進步，數碼媒介與技術的蓬勃興起使得相關的藝術設計領域得到了迅猛的發展並受到了廣泛的關注。近十年來，遊戲產業高速發展，正在成為第三產業中的朝陽產業。數位遊戲已經從當初的一種邊緣性的娛樂方式成為目前全球娛樂的一種主流方式，越來越多的人成為遊戲愛好者，也有越來越多的愛好者渴望獲得專業的遊戲設計教育，並選擇遊戲作為他們一生的職業。同時，隨著數位娛樂產業的快速發展，消費需求的日益增加，行業規模不斷擴大，對遊戲設計專業人才的需求也急劇增加。

　　從目前遊戲設計人才的供給情況來看，首先，從事遊戲產業的人員大多是從其他專業和領域轉型而來，沒有經歷過對口的專業教育，主要靠模仿、自學、企業培訓以及實踐經驗積累來提升設計能力，積累、掌握的設計方法、設計思路、設計技術也僅限於企業內部及產業圈內的交流和傳授。遊戲設計專業課程體系的建立以及教學內容的完善還處於摸索、積累、完善的階段。作為遊戲產品的關鍵設計內容以及藝術類院校遊戲設計專業核心教學內容的遊戲美術設計，更是迫切需要優化課程板塊，梳理課程內容，依託專業基礎，結合設計開發實踐經驗與行業規範，形成一套相對系統、全面、適應專業教學與行業需求的系列教材。這套遊戲動漫設計系列叢書，正是適應這一需求，為滿足專業教學實踐而建構的較為完整、全面的主幹課程教材體系。遊戲產品的開發環節和開發內容主要包括遊戲策劃、遊戲程式開發以及遊戲美術設計，策劃是遊戲產品的靈魂，程式是遊戲產品的骨架，而遊戲美術則是遊戲產品的"容顏"，彰顯著遊戲世界的美感。遊戲美術設計的內容和方向主要包括遊戲角色概念設計、遊戲場景概念設計、三維遊戲美術設計、遊戲動畫設計、遊戲介面（UI）設計、遊戲特效設計等。

本套教材完整包含這些核心設計內容，內容設計較為合理完善，對於構建專業教學課程體系具有較高的參考價值與實用意義。同時，本套教材的作者均來自於專業教學及產品開發第一線，並且在教材選題階段就特別強調了專業性與規範性，注重教材內容設計、內容描述的條理性、邏輯性以及準確性，並嚴格按照行業規範進行了統籌安排。

隨著市場競爭的加劇，產品同質化突顯，遊戲產業對遊戲設計專業人才的需求在品質上提出了更高、更嚴的要求。企業和研發機構將越來越看重具備複合性、發展性、創新性、競合性四大特徵的高級遊戲設計人才。透過廣泛調研以及近年的教學實踐和教學模式探索，我們就當前高級遊戲設計人才的培養必須具有高創造性、高適應性、高發展潛力，具有國際化的視野和競合性，既要具有較強的產品創新與設計創意能力，又要具有較強美術創作實踐能力方面達成了共識。為了體現這一共識，本套教材中的教學案例基本來自於作者的教學或開發實踐，並注重思路與方法的引導，充分展現了當前的最新設計思路、技術線路趨勢，體現了教學內容與設計實踐的緊密結合。

從以上幾個方面來規劃和設計的遊戲專業教材目前比較少，而遊戲設計專業的教學和實踐開發人群都比較年輕，雖然他們對於教材相關內容都有著自己的研究、實踐和積累成果，但就編寫教材而言還缺少經驗，需要各位同行和專家提供寶貴的意見和建議，不吝加以指正，以便進一步改進和完善。儘管如此，我們依然相信這套教材的出版，對於遊戲設計專業課程體系的建設具有非常積極的推動作用和參考價值，能夠使讀者對遊戲美術設計有一個系統的認知，在培養和增強讀者的遊戲美術設計能力、製作能力、創意創作能力方面提供重要的引導和幫助。

沈渝德　王波

FOREWORD

　　遊戲是一種易為人接受，甚至為人喜愛的"受教育"過程。電子遊戲則為人們提供了一個由娛樂到文化觀念的潛移默化的過程，透過這種思想意識的滲透，人們在"不經意間"便把某種思想意識、價值取向植入自己的大腦。從這個意義上講，電子遊戲已經成為提升文化"軟實力"的一股不可忽視的推動力量。就文化價值方面而言，成功的遊戲角色，其文化內涵可成為一個遊戲企業乃至一個國家的文化代言者。鮮活的遊戲角色形像是遊戲產品的核心內容之一，吸引著不同年齡層次的觀眾去盡情地欣賞和感受其魅力。同時，遊戲角色的成功並不僅僅意味著該遊戲作品的成功，還預示著無窮的文化價值和商業價值。遊戲產品開發與設計是一個綜合性很強的行業，要求設計師和從業者有較高的專業素質和較全面的文化修養。其中，如何來展現主題，推動遊戲情節發展，打動觀眾與玩家，以至成功地創造產業化價值等是與那些成功的、深入人心的遊戲形象密不可分的。

　　目前，遊戲產業已經成為朝陽產業，且發展速度很快。一大批大學陸續開辦遊戲專業，培養遊戲專業人才。本書由淺入深，從素描基本造型入手，使讀者瞭解學習人體解剖知識的同時，掌握遊戲角色的設計技法與表現方式，以及誇張與變形等相關知識，全面地掌握遊戲角色塑造的過程，設計出理想的遊戲角色形象。

本書分為"遊戲角色設計概述""遊戲角色造型基礎訓練""遊戲角色形體解剖與造型設計""遊戲角色設計及塑造要素分析""三大主要地域的經典遊戲角色分析"五章內容，以電子遊戲的經典角色為主要研究對象，透過對比具有高認知度的原創遊戲角色來探尋成功的電子遊戲角色的塑造方法，有機結合歷史文化和美學觀點，將遊戲角色物件置於其當時所處的歷史範圍內進行剖析，追尋其社會位置和歷史根源，詳盡地分析研究遊戲角色向受眾傳遞資訊的獨有方式，從而促成相互間的交流與完善。

　　希望無論是專業的遊戲製作人員還是遊戲設計愛好者，都能從本書得到借鑒。另外，也希望讀者從連環畫、漫畫、插畫等其他相關藝術門類汲取"營養"，豐富藝術素養，更好地把握對遊戲角色的理解與創造。

CONTENTS

第一章 遊戲角色設計概述 ... 1

第一節 認識遊戲 ... 2

第二節 電子遊戲的產生與發展 ... 5

第三節 遊戲造型形態類別與特徵分析 ... 14

思考與練習 ... 18

第二章 遊戲角色造型基礎訓練 ... 19

第一節 寫生與素描訓練 ... 20

第二節 遊戲角色速寫表現練習 ... 26

第三節 遊戲角色體塊概念 ... 34

第四節 經典遊戲角色造型體塊分析 ... 42

思考與練習 ... 49

第三章 遊戲角色形體解剖與造型設計 ... 50

第一節 人體解剖 ... 51

第二節 遊戲角色頭部與面部造型特徵 ... 61

第三節 遊戲角色體型特徵與造型設計 ... 73

思考與練習 ... 78

第四章 遊戲角色設計及塑造要素分析　　79

第一節 遊戲角色設計的方法與手段　　80

第二節 遊戲角色塑造要素分析　　93

第三節 遊戲角色設計的模式　　97

思考與練習　　100

第五章 三大主要地域的經典遊戲角色分析　　101

第一節 美洲的經典遊戲角色分析　　102

第二節 歐洲的經典遊戲角色分析　　109

第三節 日本的經典遊戲角色分析　　115

思考與練習　　119

後記　　120

參考文獻　　120

第一章
遊戲角色計概述

主要內容：遊戲角色往往是最佳的遊戲資訊包裝方式和載體，遊戲角色扮演的好壞決定遊戲內容是否精彩以及遊戲的內涵是否豐富。因此，遊戲角色在遊戲動畫中的應用已成為至關重要的部分。隨著電腦技術和遊戲角色動畫的發展，從最早的二維遊戲開始，遊戲角色動畫便得到了廣泛的應用，這是玩家對遊戲的基本要求。在遊戲《傳奇》裡，一群衝向"你"的怪物是吸引玩家的賣點之一。在這個時期，遊戲角色動畫實際上利用的還是二維技術。這些怪物是利用一系列二維的圖片來表示的，並透過這些二維圖片來進行巧妙的組織和旋轉。早期的三維遊戲利用較少的系統資源就實現了相當逼真的三維遊戲動畫效果。隨著電腦能力的迅速增強和玩家對遊戲越來越高的要求，新出現的遊戲開始採用真正的三維動畫模型。（圖1-1）

本章主要介紹了遊戲的基本概念，遊戲的產生與發展，遊戲造型形態類別與特徵分析。

本章重點：遊戲造型形態類別與特徵分析。

本章目標：能初步掌握遊戲角色造型的意義、特徵、分類，瞭解遊戲的產生與發展。

圖1-1《傳奇》人物造型設計

第一節 認識遊戲

一、遊戲的概念

"遊戲"一詞在中國戰國時期的歷史文獻中就已出現。《韓非子·難三》中載有："管仲之所謂'言室滿室，言堂滿堂'者，非特謂遊戲飲食之言也，必謂大物也。"漢語中對"遊戲"的解釋有：遊樂嬉戲、玩耍；戲謔，也指不鄭重、不嚴肅；文娛活動的一種，分智力遊戲、活動性遊戲等幾種。英語中"遊戲"的解釋與漢語的解釋卻有很大差別，《英語同義詞辨析詞典》裡的解釋是 game、play、sport、fun 是一組同義詞,都含有提供娛樂、消遣或旨在逗樂的東西之意。其中 play,其任何含義都強調與 earnest(認真的)是相反的,可以替代 fun 與 sport,以表示缺乏認真或嚴肅,是完全無害的。而 game 通常含惡作劇或惡意之意,並表示某種戲弄。game 作複數時,則指體育競賽,與 sports、athletics 是一組同義詞,都表示使精神愉快的活動。可見,遊戲的本質含義在東西方不同的文化背景下,解讀起來有著很大差異。

　　本書要討論的"遊戲",是"中西統一"的概念,主要指電子遊戲。電子遊戲又稱視頻遊戲或者電玩遊戲(簡稱電玩),是指在自然遊戲行為過程中,依靠電子設備作為媒介的娛樂行為。根據媒介的不同一般分為四種:電腦遊戲、主機遊戲、便攜遊戲和街機遊戲。完善的電子遊戲在 20 世紀末出現,它改變了人類進行遊戲的行為方式和對遊戲一詞的定義,屬於一種隨科技發展而誕生的文化活動。電子遊戲也可代指"電子遊戲軟體"。同時,電子遊戲是透過電子方式採用圖像和聲音模擬出虛擬場景,並構建一定的遊戲背景和遊戲規則,使得玩家可以在其場景中進行娛樂活動的一種新興的遊戲方式。依據其所賴以存在的平台,電子遊戲大體可以分為:掌上型電子遊戲(掌機、手機等移動設備平台)、電視遊戲(電視機平台)、電腦遊戲(單機和網路平台)。這一分類基本上包括了我們在生活中以此命名的所有遊戲類型。但在業內以及玩家群體中,電子遊戲則一般泛指電視遊戲。電視遊戲與電腦遊戲分屬不同的領域並擁有各自的用戶(玩家),但是從兩種類型遊戲的主流看來,如今許多遊戲都是跨平台的。因此,本書所指的電子遊戲沒有特別的所指,它包含所有平台上的遊戲類型。

　　二、遊戲平台的分類
　　電子遊戲作為一種科技與娛樂結合的產物,已經越來越廣泛地受到人們的關注,遊戲行業本身也在社會生活中扮演著越來越重要的角色,在文化、經濟、教育、娛樂、科技等眾多領域裡都可以看到遊戲的身影。遊戲在創造著巨大財富的同時,對文化藝術也有著促進發展的作用。電子遊戲與硬體設備具有模組化的關係,狹義上的電子遊戲就是一種遊戲軟體,因此必須有一定的硬體基礎作為支撐。遊戲平台就是指這個遊戲軟體所需要依附和對應的硬體環境。一般來說,不同遊戲的平台各有市場,具有滿足不同喜好的遊戲人群的需要。即使現在不同遊戲平台的移植已經日趨頻繁,但我們仍然不能主觀地用一個標準來衡量。很多遊戲商在其開發階段就考慮到了產品的跨平台問題。

　　1. 家用主機
　　家用主機是最大眾的遊戲平台。日本任天堂公司所生產的 Family Computer 是第一款公認的商業化遊戲平台,除此之外還有 SONY 的 PlayStation(簡稱 PS)系列,以及微軟推出的 XBOX 360。這類平台運算效能早已超過個人電腦運算能力,因為電子遊戲市場的價值已經高到足夠設計專為遊戲打造的 CPU,並以純化資訊流取代電腦的開放性構造。如今 Family Computer 已經淡出,家用主機遊戲平台由任天堂的 Wii、SONY 的 PlayStation3 與微軟的 XBOX 360 三分天下。(圖 1-2～圖 1-4)

圖 1-2 Wii

圖 1-3 PlayStation 3

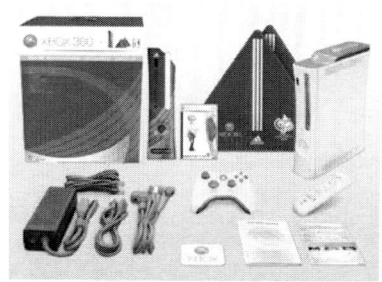
圖 1-4 XBOX 360

2. 掌上主機

掌上主機是 20 世紀 80 年代後期產生的。進入 21 世紀以來，個人使用的行動化電子元件主導了主流市場，例如，行動電話、MP3 與 MP4 播放機等，因此各遊戲廠商也開發了可以攜帶的遊戲主機。最早的掌上主機叫作 Game&Watch，其軟體是完全固化在機板上的 ROM，無法替換遊戲。第一款成功的商業化掌上主機是由日本任天堂公司開發的初代 GAME BOY。如今常見的掌上主機有任天堂 Dual Screen 系列、SONY PlayStation Portable（PSP）、PlayStation VITA（簡稱 PSV）系列，以及手機、PDA 等移動平台。（圖 1-5）

3. 街機

街機由遊戲機版和框體組成，機版一般是由專業化的遊戲廠商製造的電子機版，著名的機版有 Capcom CPS-1 與 CPS-2、SNK Neo-Geo、Sega Naomi 等。而框體通常配備螢屏和按鍵等元件。世界知名的街機生產公司有科樂美、南夢宮、雅達利、Irem、Midway 等。（圖 1-6）

4. 個人電腦

在個人電腦上運行的遊戲又叫電腦遊戲。電腦產業與電腦硬體、電腦軟體、互聯網的發展聯繫甚密。進入網路時代後，電腦遊戲為遊戲參與者提供了一個虛擬的遊戲空間。電腦遊戲與網路相結合給予了玩家多元化體驗的機會。（圖 1-7）

圖 1-5 掌上主機

圖 1-6 街機

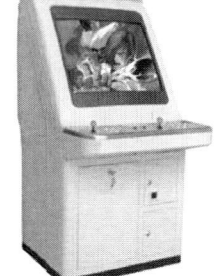

圖 1-7 個人電腦

第二節 電子遊戲的產生與發展

一、電子遊戲初現——從實驗室走向普通民眾

1946 年，美國陸軍軍械部和賓夕法尼亞大學摩爾學院聯合向世界宣佈 ENIAC 的誕生，從此揭開了電子電腦發展和應用的序幕。ENIAC 是"電子數位積分電腦"的簡稱，英文全稱為 Electronic Numerical Integrator And Computer。事實上它是世界上第一台電子多用途電腦，承擔開發任務的"摩爾小組"由埃克特、莫克利、戈爾斯坦、博克斯四位科學家和工程師組成。正是世界上第一台電子多用途電腦 ENIAC 的發明，標誌著人類歷史上一種全新的遊戲方式——"電子遊戲"誕生。

普遍認為，第一款視頻電子遊戲開發是在 20 世紀 50 年代的美國，但是，由於當時的電子遊戲需要大型電腦進行運算，因此並沒有提供給廣大民眾，甚至當時的民眾根本不知道電子遊戲是什麼。這個時期的電子遊戲被稱為"實驗室階段"。

1958 年，一款在示波器上展示的名為《雙人網球》的雙人網球互動式遊戲誕生，被認為是電子遊戲從實驗室走向民眾的標誌。它由美國的物理學家威利·海金博塞姆(William Higinbotham)製作完成，目的是為提高參觀紐約市布魯克海文國家實驗室的遊客們的興趣。這款遊戲只是運用機械和電容來達成最終顯示的效果，並不具備複雜的運算能力。

在這個時期，真正運用了電腦處理器的遊戲是《太空大戰》，它是由美國麻省理工學院的學生史蒂夫·拉塞爾(Steve Russell)於 1961 年設計並製作的。但是，由於當時的電腦技術相當有限，必須依靠新陰極射線管來顯示遊戲畫面，而這些設備在當時來說非常昂貴，所以遊戲主機只會放置在各大計算機實驗室，且僅有少數人有權使用主機並玩到這個遊戲。《雙人網球》和《太空大戰》的誕生具有裡程碑的意義，是它們確立了電子遊戲的基本構架——主機(硬體)、程式(軟體)和控制器。（圖1-8）電子遊戲從實驗室走向普通民眾是在20世紀70年代，這個時期是電子遊戲的發展期。1970年，幾個人組成了一家署名為Cyber Vision的註冊有限公司，公司設計並創建了由硬體和軟體集成的Cyber Vision產品。（圖1-9）

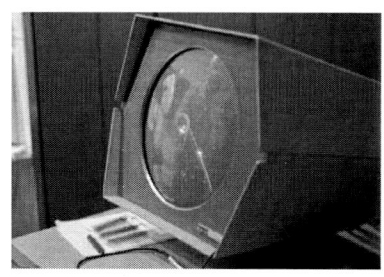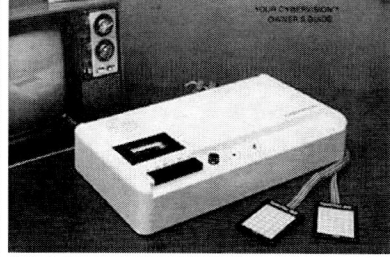

圖1-8《太空大戰》　　　　　　圖1-9 Cyber Vision家用電腦產品

　　Cyber Vision產品最初的定位就是Home Computer（家用電腦），電子遊戲所提供的遊戲娛樂方式在當時產品開發者看來只是"家用電腦"眾多功能之一。但是，由於當時科技手段及電子硬體條件的限制，Cyber Vision產品並不具備今天意義上的PC（個人電腦）功能，Cyber Vision公司產品 並沒有取得成功，公司很快走到瀕臨破產的邊緣。1972年，諾蘭·布希內爾(Nolan Bushnell)成立雅達利公司。之後，他和特德·達布尼(Ted Dabney)合作推出了歷史上第一台成功運營的業務型遊戲機——PONG，俗稱"街機"。

　　PONG的出現讓遊戲主機從實驗室走到了街頭，使電子遊戲由只有少數人被允許觸碰的昂貴 而稀奇的物品變成了能為大多數人所用的娛樂產品，並使電子遊戲從此邁上產業化的道路。（圖1-10）。

　　1974年，雅達利推出世界第一台家用遊戲主機——HOME　PONG，它作為PONG的後續作品繼續掀起熱潮。雅達利於1977年10月公布了其新型可更換遊戲的家用遊戲主機Atari Video Computer System (簡稱Atari VCS)，後更名為Atari 2600。雅達利的Atari 2600成為那個時期耶誕節最受歡迎的禮物。但是，在雅達利的遊戲中還沒有出現真正意義的遊戲角色，只有一些簡單的幾何圖形，這些幾何圖形也僅限於對日常所見或所聞的一些物體的模擬。（圖1-11、圖1-12）

　　雅達利實際上是Cyber Vision的子公司，只是雅達利創辦最初的定位就是

圖1-10 PONG　　　　　　　　圖1-11 PONG家用遊戲機

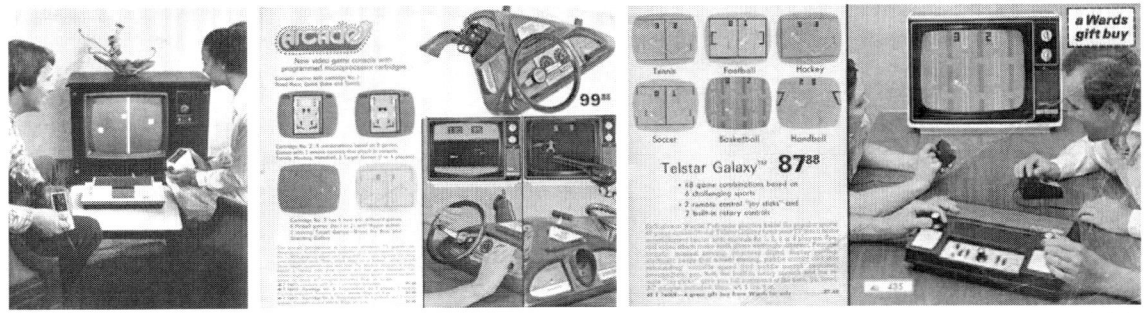

圖 1-12 人們使用 PONG 家用遊戲機　　　　　　　　　　圖 1-13 Cyber Vision 公司 1977 年耶誕節商品宣傳廣告

軟體發展——主要針對電子遊戲領域，並且取得了成功。在 Cyber Vision 公司 1977 年耶誕節商品宣傳廣告中可以看出，當時公司的電子遊戲產品已經進入到基本成熟的階段，遊戲的種類也很豐富，市場反響非常好。（圖 1-13）

　　1978 年，一款名為《太空侵略者》的遊戲的出現才改變了這一狀況。這是一款休閒遊戲，遊戲內容是消滅外來的太空入侵者。它改寫了電玩聲色世界，加強了戲劇性情節（外太空怪物一字排開陸續進攻）和原聲配樂（打擊攻略的聲響），令遊戲者有身處星球大戰現場的刺激感。《太空侵略者》裡的敵人 Invaders(侵略者)已經擁有自己獨特的辨識形象，由簡單的單色點陣構成，相對於先前其他遊戲中的"幾何圖形"已有所進步。這款由ＴＡＩＴＯ公司推出的射擊遊戲當時在業界引發了巨大的轟動，也成了 TAITO 的代表作品。（圖 1-14）

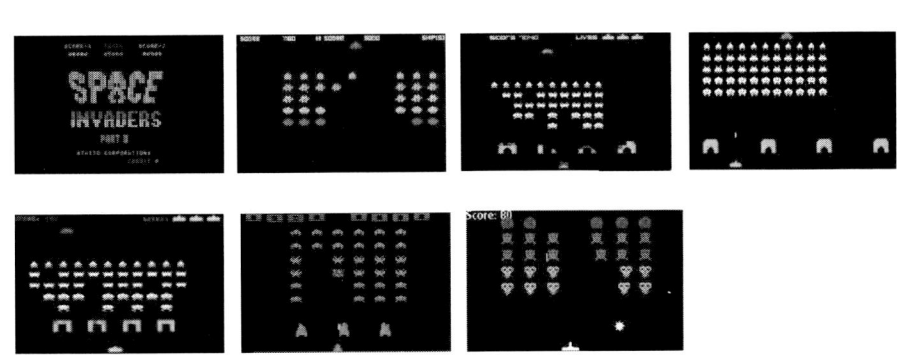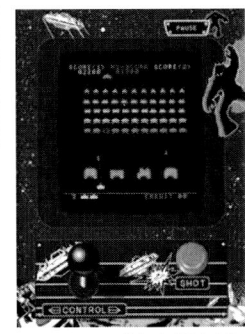

圖 1-14《太空侵略者》

二、日本電子遊戲產業異軍突起——電子遊戲走向市場化

　　20 世紀 80 年代～21 世紀初是電子遊戲的發展與成熟期。這個時期，主流ＰＣ（個人電腦）和家用遊戲機都得到了高速發展。以這一時期的電子遊戲為例，首先，在遊戲生產前，遊戲製作公司會根據市場定位，設計遊戲原型和進行遊戲程式編寫。在 20 世紀 80 年代，如果一個遊戲開發方案獲得通過，那麼就會得到來自投資方和開發商的大量資金，也就意味著遊戲製作的全面開始。這通常涉及各類工種，如遊戲設計師、遊戲人物造型師、音樂製作人、遊戲程式師、遊戲測試員等。這種分工及遊戲開發製作模式奠定了電子遊戲的製作流程規範，直到今天發展到 100～200 人的製作團隊。

現代遊戲廣告、行銷、推廣也在這個時期得到加強和完善。因為當時很多人認為電子遊戲產業是一個前所未有的全新領域，可以帶來很豐厚的商業利潤和經濟回報。20 世紀 80 年代～21 世紀初，良好的市場運行環境以及極高的利潤回報率，極大地推進了電子遊戲產業高速發展，並形成了電子遊戲產業鏈，帶動了電子遊戲其他相關產業的發展。普遍認為，這 20 年是電子遊戲發展的黃金時期。（圖 1-15）

1981 年 8 月 12 日，IBM 推出了個人電腦（圖 1-16），大量的軟體和遊戲被創造出來，推動了整個電腦遊戲製作業的快速發展。但是，由於這個時期電腦技術水準較低，導致電腦遊戲圖像較為粗糙，視覺上不能產生吸引力。

圖 1-15　20 世紀 80 年代，家用遊戲機得到普通玩家的青睞　　圖 1-16　IBM 個人電腦

南夢宮是日本知名遊戲企業，從 1955 年創辦以來，在街機、FC、PlayStation 系列、XBOX 系列下都出版有人氣很高的電子遊戲。《小精靈》《太鼓達人》《鐵拳》《山脊賽車》《皇牌空戰》《異度傳說》等是南夢宮的招牌遊戲。（圖 1-17）

圖 1-17　日本南夢宮遊戲製作公司

日本遊戲公司南夢宮在街機平台發佈遊戲 Pac-Man（俗稱《小精靈》）。在即將步入 20 世紀 80 年代的時段裡，以動作、射擊遊戲為大宗的電玩遊戲界充斥著男性專屬的氛圍，南夢宮社內以岩谷徹為首的開發團隊察覺到這個現象，於是試圖改變遊戲的開發方向，採用可愛的角色、和平的世界觀來作為遊戲的設計理念。在觀察了日本年輕女性的休閒愛好後，決定破天荒的以"吃東西"作為主題，創造出一款有別於傳統電玩刻板印象的新面貌遊戲。《小精靈》是首款具有明確"角色"設定的遊戲，首次讓遊戲角色具有鮮明的形象、獨特的造型與名字，讓遊戲的角色變成像卡通角色、電影演員一樣，除了遊戲本身之外，還具有"角色"這項商品特質。《小精靈》無疑是電玩業界一個

重要的里程碑，是大型電玩第一波黃金時代的代表性遊戲，《小精靈》廣泛延伸的角色魅力被譽為是 "80 年代的 Mickey Mouse"，更被金氏世界紀錄認定為 "史上最成功的投幣式遊戲"。此時，任天堂推出可攜式遊戲主機（掌上型遊戲機，簡稱 "掌機"）Game & Watch，首次確認的著名 "十字鍵" 設計，成了電子遊戲發展史上新的里程碑，為此後所有遊戲的操作方式樹立了典範。（圖 1-18、圖 1-19）

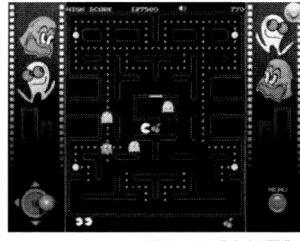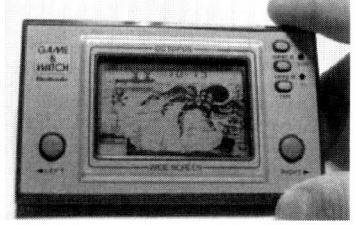

圖 1-18《小精靈》　　　　　　　　　　　　　　　　　　圖 1-19 Game&Watch

1989 年，任天堂推出了新掌機 GAME BOY（簡稱 GB），此後，任天堂便一直佔據著掌機市場的霸主之座。（圖 1-20） 1981 年，任天堂在街機平台推出《大金剛》，遊戲的主題是 "英雄救美"。遊戲的男主角是瑪利歐，當時稱為 "跳跳人"（Jumpman），女主角是瑪利歐當時的女友寶琳（Pauline）。玩家必須控制瑪利歐，營救大金剛身邊的寶琳。大金剛向玩家控制的瑪利歐丟一些滾筒企圖擊中玩家。跳跳人除了可以左右跑動外，還可以攀爬以及跳躍。大金剛甚至還有面部表情的變化。這些都是同時期的其他遊戲所無法比擬的。

1981 年，隨著採用英特爾公司的 8088 處理器的第一台 IBM PC 走下生產線，遊戲產業界也發生了巨大的變化，雅達利等公司相繼發佈它們的新型家用遊戲主機。任天堂也於 1983 年在日本推出其家用遊戲主機 Famicom（Family Computer，簡稱 FC），通常稱之為 "紅白機"。由此揭開了家用電子遊戲機遍佈世界任何角落，電子遊戲全球大普及的序幕。(圖 1-21)

GAME BOY COLOR　　　NintendoGAME BOY　　　　　　　GAME BOY ADVANCE

圖 1-20

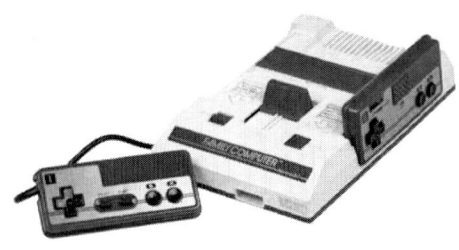 

圖 1-21 Famicom

1985 年和 1986 年，任天堂分別推出 FC 的歐美版本——Nintendo Entertainment System(簡稱 NES)。NES 採用了灰色正方形的設計，遊戲卡帶介面由小型豎式介面改成了大型橫式介面，卡帶晶片與 FC 不同 (有專門的轉換器)，控制器由 FC 的兩組固定式遊戲手柄改為了兩組周邊設備介面 專用手柄，因此可以自由替換不同的周邊。NES 首次在遊戲主機內部搭載了用以強化圖像效果的 PPU(Picture Processing Unit，圖形處理晶片)，這讓 FC 的遊戲品質得到了質的飛躍，也使得遊戲 製作者能夠在遊戲中設計出比以前更加生動的角色形象，由此吸引了更多的玩家。(圖 1-22)

FC 的成功為任天堂迎來了諸多日後在業界聲名大噪的軟體製造商。如 1986 年以《勇者鬥惡龍》登錄 FC 平台的 ENIX (艾尼克斯)，這也是被譽為 "日本國民 RPG 遊戲" 的《勇者鬥惡龍》系列的首次登場。該遊戲的角色設計由《龍珠》作者鳥山明擔任。由於當時的主機在性能上的局限，真正 呈現在遊戲玩家眼前的角色形象仍然是簡單的點陣圖形，與角色原畫有巨大的差異。遊戲主要以簡單為主，沒有十分華麗的畫面，也沒有複雜難明的系統，有的只是通俗易懂的童話故事。玩家能盡情地享受遊戲，這些就是《勇者鬥惡龍》的獨有特點。這個遊戲被認為奠定了日式 RPG 的地位。

不久，另一個著名的 RPG 系列遊戲——史克威爾公司的《最終幻想》系列第一作在 FC 平台登錄，遊戲的人物設定則由日本著名畫師天野喜孝擔任。從遊戲具體呈現的畫面來看，人物仍然是點陣圖形。(圖 1-23、圖 1-24)

圖 1-22 NES

   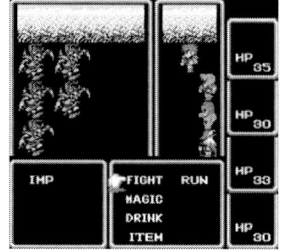

圖 1-23《勇者鬥惡龍》　　　　　　　　　　　　圖 1-24《最終幻想》

從此，電子遊戲進入了一個有情節和角色的時代，遊戲的目的開始慢慢地被隱藏到了劇情和角色的背後。電子遊戲開始逐漸發展成技術與藝術相結合的產品。優秀的角色設定對電子遊戲的推動顯而易見，以《勇者鬥惡龍》和《最終幻想》為例，隨著技術的進步,遊戲的畫面設計和人物外形設計都在追求與原畫設定的貼合，到最新推出的《勇者鬥惡龍9》和《最終幻想13》，遊戲中的角色與設計師繪製的原畫已十分相似。（圖1-25、圖1-26）

任天堂長期壟斷家用主機平台，世嘉則在街機領域佔有絕對的優勢。1988年世嘉公司的ＭＤ（全稱MEGA DRIVE）開始發售，MD是第一台16BIT遊戲主機，又名"世嘉五代"。該主機採用了雙CPU的硬體構架，定位於打造"家庭用的街機"，強大的硬體性能也孕育出了更加生動形象的遊戲角色。在MD上，玩家可以玩到很多街機的移植作品，如《戰斧》《圓桌騎士》等。（圖1-27、圖1-28）

1990年，任天堂推出了FC的後續機種Super Famicom（簡稱SFC，即"超任"）。這是任天堂繼紅白機後的第二代家用遊戲機。ＳＦＣ手柄最大的改進之處在於第一次加入了肩部按鍵L/R，並形成了Ａ，Ｂ，Ｘ，Ｙ四個按鍵的手柄佈局。（圖1-29）

圖1-25《勇者鬥惡龍9》

圖1-26《最終幻想13》

圖1-27《戰斧》

圖1-28《圓桌騎士》

圖 1-29 Super Famicom

　　任天堂和世嘉之間的競爭促成了電子遊戲產業的又一次革新。在競爭的推動下，電子遊戲的世界中心在這個時期開始從美國轉到了日本。

　　20 世紀 90 年代是電子遊戲的飛速發展期。隨著硬體性能的提高，遊戲製作水準也在逐步提高，大量膾炙人口的遊戲不斷出現，基於互聯網的網路遊戲更是風靡一時。與 20 世紀七八十年代相對粗糙簡單的遊戲造型相比，這個時期的電子遊戲圖像更精良，風格更多變，甚至超越了人們在其他媒體上得到的視覺滿意程度。游戲迷們在不斷升級硬體來適應遊戲需要的同時，也被越來越華麗和精良的遊戲造型所吸引，這一切都為遊戲 3D 化、大型化奠定了良好的基礎。可以說遊戲行業在過去 10 年時間裡經歷了等同於其他行業在 100 年時間內發生的變化。

　　這一時期另外一個重要的特徵就是遊戲角色能夠開口說話了。這一時期遊戲主機大多由於採用了高容量的 CD-ROM 作為遊戲載體，為遊戲角色配音成為可能。擁有聲音的角色可以讓玩家投入更深的感情，也可將故事渲染得更加精彩。如《惡魔城 X:月下夜想曲》的主角阿魯卡多，黑暗和死亡的角色風格設定配合平穩、剛勁、低沉而又含有獨特豔麗感的聲線使得阿魯卡多這位憂鬱的吸血鬼王心。（圖 1-30）

圖 1-30 阿魯卡多

三、電子遊戲多元化發展——網路遊戲和手機遊戲興起

　　從 20 世紀 90 年代末開始至今，電子遊戲發展最顯著的趨勢就是電腦遊戲的網路化，也就是人們常說的網路遊戲。網路遊戲也稱線上遊戲，一般指多名玩家透過電腦互聯網進行交互娛樂的電子遊戲。以遊戲運行軟體分類一般包含用戶端下載的大型多人線上遊戲、即開即玩的網頁遊戲以及社交網站遊戲等。部分遊戲還能透過連接網路伺服器進行連線對戰、線上雲存檔。網路遊戲有戰略遊戲、動作遊戲、體育遊戲、格鬥遊戲、音樂遊戲、競速遊戲、網頁遊戲和角色扮演遊戲等多種類型。（圖 1-31）

網路遊戲是區別於單機遊戲而言的，是指玩家必須透過互聯網連接來進行多人遊戲。一般指由多名玩家透過電腦網路在虛擬的環境下對人物角色及場景按照一定的規則進行操作以達到娛樂和互動目的的遊戲產品集合。傳統意義上的電子遊戲是一種人們借助各種遊戲道具(或者方式、規則)對生活、生產和戰鬥進行模仿的娛樂方式。網路遊戲在新的境界上還原了遊戲的本源——人與人的互動，它把對人們個體生活的虛擬歸結到對社會生活的虛擬中來。單機遊戲模式多為人機對戰，由於其不能連入互聯網，因而玩家與玩家間的互動性差了很多，但可以透過局域網的連接進行有限的多人對戰。在網路遊戲中，"人"不是執行遊戲程式，而是在創造遊戲生活。這一遊戲類別屬於電子遊中的一個亞種，但其發展趨勢在向人們昭示：未來的電子遊戲將統一於網路遊戲中。

　　手機遊戲是指運行於手機上的遊戲軟體。目前用來編寫手機程式使用最多的是 Java 語言，其次是 C 語言。隨著科技的發展，現在手機的功能也越來越多，越來越強大。而手機遊戲也不再是我們印象中的《俄羅斯方塊》《踩地雷》《貪吃蛇》之類畫面簡陋、規則簡單的遊戲了，其已發展到了可以和掌上遊戲機媲美，具有很強的娛樂性和交互性的複雜形態了。現在又有了堪比電腦遊戲的網頁遊戲。於是，你會發現，一個手機已經足夠滿足你所有路途中的大部分娛樂需要了。
　　（圖 1-32）

圖 1-31《紅色警戒 2》　　　　　　　　　　　　　　圖 1-32 手機遊戲《植物大戰僵屍 2》

　　手機遊戲簡稱手遊，主要分為單機手遊和網路手遊。單機手遊指僅使用一台設備就可以獨立運行的電子遊戲。區別於電腦網遊，它不需要專門的伺服器便可以正常運轉遊戲，部分也可以透過多台手機互聯進行多人對戰。網路手遊指以互聯網為傳輸媒介，以遊戲運營商伺服器和使用者手持設備為處理終端，以遊戲移動用戶端軟體為資訊交互視窗的旨在實現娛樂、休閒、交流和取得虛擬成就的具有可持續性的個體性多人線上遊戲。隨著智慧機的普及以及 3G、4G 網路覆蓋率增加，手機網遊日益興起，現已經有近數億計的手機網遊玩家，人們在享受手機網路遊戲帶來的娛樂時體驗的是即時、方便、快捷、交互的手機網遊樂趣。（圖 1-33、圖 1-34）

圖 1-33 手機網遊《無雙》　　　　　　　　　　　　　　　　圖 1-34 手機網遊《仙變》

縱觀整個遊戲產業的發展與佈局，每一次技術的革新都為遊戲角色提供了更廣闊的舞台。新老角色都能夠在技術力量的支持下去滿足玩家不斷提升的視聽感受與審美需求，去觸動玩家的心靈。PS2 平台的《最終幻想 7》讓玩家第一次感受到了 3D 化的虛擬遊戲世界；DC 平台的《太空頻道 5》讓玩家和烏拉拉一起在擊退邪惡外星人的同時感受節奏的樂趣；PS2 平台的《合金裝備 2:自由之子》讓玩家深入劇情，成為遊戲中的角色；ＸＢＯＸ平台上的《光暈》讓玩家跨越區域和國度，充分體驗了線上遊戲的樂趣；NGC 平台的《塞爾達傳說:風之杖》很好地詮釋了技術與藝術的結合，卡通渲染技術更好地展現了畫面的美感。（圖 1-35～圖 1-38）

圖 1-35《最終幻想 7》

圖 1-36《合金裝備 2: 自由之子》

圖 1-37《光暈》

圖 1-38《塞爾達傳說:風之杖》

第三節 遊戲造型形態類別與特徵分析

一、魔幻類

奇幻文學對未知世界的奇妙想像和對人類冒險精神的提倡，極大地滿足了人類，尤其是年輕人對未知的幻想。人類對神話的情結和對探索的渴望，也使其擁有了數量眾多的讀者群。

20 世紀 90 年代，電腦硬體的發展，使魔幻遊戲呈現奇幻文學裡宏大的場景和複雜的角色成為可能，於是大量基於奇幻文學的電子遊戲開始出現。其中最有代表性的是暴雪公司出品的《魔獸爭霸》系列和神話娛樂（Mythic Entertainment）出品的《戰錘》系列。（圖 1-39、圖 1-40）

此類遊戲造型多以破舊的中世紀古堡或風車為場景，營造出陰森恐怖的氣氛；在造型形態上多用扭曲的有機形態或誇張的變形線條來表現非自然的、奇特的生命形式；在造型色彩上多用較暗的、飽和度較低的色彩來表現黑暗世界，較常見的是深紫、灰綠和暗紅等；在造型材質表現上多采用破舊、磨損的金屬及布料和乾枯的骨骼材質，表現出對衰敗生命形態的探索；在裝飾圖案上，圖騰圖案被廣泛採用。（圖 1-41）

圖1-39《魔獸爭霸》

圖1-40《戰錘》

圖1-41 場景、道具

二、科幻類

科幻文學是藝術和科學的重要源泉之一，其中以未來作為背景的文學更是激發了無數藝術作品的誕生。例如，喬治·盧卡斯（George Lucas）導演的《星球大戰》電影系列。科幻文學也激發了眾多遊戲的產生，最著名的要數由《星球大戰》改編的遊戲《星球大戰前線：精英艦隊》和暴雪公司出品的《星際爭霸》。（圖1-42、圖1-43）

此類遊戲以宇宙空間或外星基地作為背景，造型形態上將流線型、仿生形態與機器美學相結合，突出其科技感；遊戲人物多為外星生物或變異生命體；遊戲色彩以突出其高科技風格的藍、灰色調為主；遊戲中多採用金屬和透明材質，金屬材質是現實科技的寫照，透明材質則多用來表現未知科技及新型材料。新技術的發展與對未知世界的探索和描繪，是熱衷此類遊戲造型的遊戲者所關注的對象。

圖 1-42《星球大戰前線：精英艦隊》　　　　　　　　圖 1-43《星際爭霸》

三、益智類

　　益智遊戲是指那些透過一定的邏輯或是數學、物理、化學知識，甚至是自己設定的原理來完成一定任務的小遊戲，一般會比較有意思，需要適當的思考，適合年輕人玩。益智遊戲通常以遊戲的形式鍛煉了遊戲者的腦、眼、手等，使人們獲得身心健康，增強自身的邏輯分析能力和思維敏捷性。值得一提的是，優秀的益智遊戲娛樂性也十分強，既好玩又耐玩。例如，以沃爾特·迪士尼公司為代表的卡通產業在電視、電影和書刊等傳統媒體以及互聯網上擁有數量眾多的擁護者。而電腦遊戲也不例外，大量運用卡通藝術語言製作的益智類遊戲也得到市場的積極回應。《大富翁》系列便是近幾年較為暢銷的卡通益智類遊戲之一。（圖 1-44）

　　《大富翁》系列是大宇公司的金字招牌，也可以說是歷史最悠久的中文遊戲，從最初的作品到現在，已歷經十多個年頭。每一代的《大富翁》與上一代相比，都會有很多的新玩法出現，比如二代裡多種多樣的在股市上輕鬆賺錢的方法；三代中富於變化的場景，玩家間激烈地爭奪經營權；四代更是好玩，場景更多了，美國、日本都是新加的場景，還有著不同的風景名勝，遊戲規則的自由度也高了許多。從一代的單色、二代低解析 256 色、三代的高解析 16 色……其顯示模式一直隨著電腦技術的發展在不斷進步著。

四、軍事類

　　在現代社會中，由於軍事力量是綜合國力的基本構成要素之一，因此軍事類資訊在傳統媒體上得到廣泛傳播。從電腦遊戲誕生起，軍事類遊戲就一直受到廣大游戲迷的青睞。這類遊戲的典型代表作有《命令與征服》系列、《戰爭機器》系列等。（圖 1-45、圖 1-46）

圖 1-44《大富翁》

圖 1-45《命令與征服》

圖 1-46《戰爭機器》

此類遊戲在審美心理上，更傾向於對現實世界的再現以及滿足遊戲者對力量的想像和追求；在造型形態上，較多的直線條和規則幾何形的運用塑造了"硬"的風格以突出機械的金屬感；在造型色彩上，習慣在整體色調低亮度、低飽和度的情況下，突出關鍵部分的高亮度和高飽和度的色彩。這種手法使遊戲造型在整體灰暗的工業化特徵下，又有其標誌性的亮點，不失個性。

五、武道類

在當今的電腦遊戲市場上，以武道文學為腳本的遊戲佔據著遊戲市場很大的份額。概括來說，武道文學主要是指以宣揚東方世界"俠、道、義"精神為主旨，以描寫東方的武文化、道文化為特徵的文學作品。在當今市場上，由三國題材和金庸小說改編的電腦遊戲佔據了主流地位，著名的有《侍魂》《真三國無雙》《仙劍奇俠傳》《軒轅劍》等。除此之外，具有濃厚日本風格的《大神》也可歸為此列。（圖 1-47～圖 1-49）

此類遊戲造型結合東方傳統藝術形態，形成了自己的藝術特色。按照中國的道家學說，並不是任何藝術表現都是有價值的。藝術家若想在這一藝術領域有所成就，必須首先與宇宙精神，即"道"達到完全的統一。在造型形態上，武道類遊戲將東方傳統繪畫技法和動漫表現手法相結合，既有水彩畫的層疊渲染，又結合了山水畫的勾、皴、擦、點、染的技法，追求"蟬噪林逾靜，鳥鳴

圖 1-47《真三國無雙》

圖 1-48《仙劍奇俠傳》

圖 1-49《大神》

山更幽"的獨特意境；在神與形的取捨上，更講究神似，而非形似；在人物造型方面，則與動漫類比較相似，傾向於用簡化的特徵和明顯的寫作手法勾勒人物形象；在造型色彩方面，趨向於用淡彩模仿山水畫的氣韻，利用其濃淡變化表現出光影感、空間感和體積感，使人在欣賞景物的同時感受到自然的氣韻。

　　本章小結：熟悉遊戲發展不同階段的遊戲角色造型特點是遊戲角色設計與製作的基礎，是創造遊戲角色的前提條件，豐富理論知識，為設計遊戲打下良好的基礎。

思考與練習

1. 掌握遊戲的基本概念。
2. 掌握遊戲造型形態類別與特徵。

第二章
遊戲角色造型基礎訓練

主要內容：本章主要從最基本的造型手段即素描、速寫入手，學習遊戲角色造型最基本的知識，遊戲角色設計需要注意的方面以及如何在寫實基礎之上針對寫生物件進行合理的誇張與變形。文章透過對經典遊戲角色的案例分析，生動地講授了遊戲角色造型的體塊關係。

本章重點：著重把握理解從形體結構、透視關係、光影效果等外部形態去刻畫物件，尤其應較好地運用線來作為表現手段，這在以後的遊戲原畫創作過程中也是很有好處的。

本章目標：有針對性地對遊戲專業學生進行素描及速寫訓練,從多個角度加強造型基本功的學習。

第一節 寫生與素描訓練

素描訓練作為遊戲專業的基礎教學內容，既要體現素描的造型藝術基礎，也要體現素描的審美功能。而動畫素描要求具有嚴謹性、生動性、概括性、立體性，因而應從如下幾方面的練習著手。

一、對遊戲角色形體結構的認識

遊戲角色的結構包含兩個方面：一是解剖結構，包括骨骼、肌肉及其構成關係、生長規律和運動規律；二是幾何結構，也稱體積結構，是根據解剖結構概括簡化而來的角色各部分的幾何形體。借助幾何結構對體面進行分析，可以較快地掌握角色形體的運動構成關係，這是一個不斷觀察、體驗、研究、分析、積累的過程。（圖 2-1）

從不同角度進行素描訓練,在加強結構認識的同時,理解空間透視與轉面。（圖 2-2）

圖 2-1 結構素描練習作業

圖 2-2 不同角度素描練習作業

二、對空間透視關係的認識

掌握遊戲角色在運動過程中的透視變化,在訓練過程中要避免看一點畫一筆,只顧局部細節的相似,而忽略對整個形體、動態的把握,特別是要重點研究衣紋走向與角色肢體運動之間的關係。(圖 2-3)

 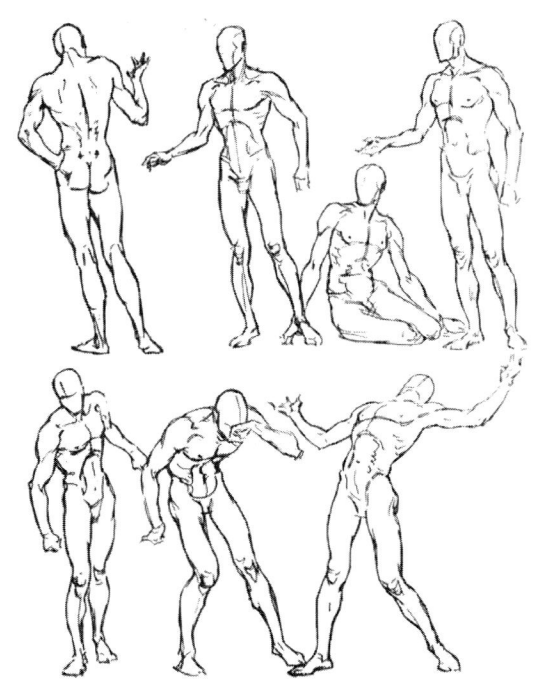

圖 2-3 人體形態運動速寫

三、對光影效果的認識

遊戲角色的光影效果是指在特定光線照射下,角色表面的明暗調子(特別是明暗交界線)、質感等視覺表像。對光影效果的認識實際上就是進一步增強對光源以及對黑白灰的認識,因為對畫面光影及明暗調子的有機處理會大大增強對形體的塑造。同時,光影還能營造畫面的氣氛。遊戲角色內在的解剖結構是內因,是根據;光線則是外因,是條件。(圖 2-4、圖 2-5)

圖 2-4 人物頭像光影素描練習

圖 2-5 遊戲人物光影造型練習

四、對線條的認識

法國畫家安格爾曾說過，線條本身無所謂對錯，關鍵看你放在哪裡。線是構成素描畫面的要素，既能表現輪廓，也能表現結構，而線本身在畫面中又有著極強的表現力。縱觀古今中外，很多大家的素描作品都是用線來表現的。（圖 2-6、圖 2-7）

圖 2-6 中國傳統白描人物作品

圖 2-7 線造型遊戲人物設計

五、對遊戲角色面部表情變化的認識

遊戲角色的表情往往是多種情感交織的結果，是高度濃縮的人性，是現實生活中人物或非人物的誇張和抽象，因其獨有的多元化特徵很難被確切劃分為某一特定的表情類別。縱觀現有的遊戲人物面部表情識別技術，多是採用了參考真人的表情特徵，進而設計出遊戲人物面部表情獨特的視覺形式和審美情感。遊戲人物表情設計與製作一般以人物面部為參考，利用三維動畫軟體，可以製作出理想的臉部表情造型。但是，由於人類臉部肌肉數量多且分佈結構複雜等特點，因而設計師對於遊戲人物面部表情的理解、表情分類、生理特徵等多方面的因素要有獨特的理解與掌握。遊戲角色表情製作是一個複雜的實現過程，但隨著技術的發展，已經有許多三維技術能夠改善或更好地實現逼真的人臉表情建模，並且提供了精確的造型方式或演算法。如採用真實人臉的資料進行三維重構，以特定人臉的二維圖像實現人臉的三維模型等建模方式都很好地輔助了遊戲人物表情的實現。研究變化豐富的表情對塑造角色的內在表現是有很大幫助的。（圖 2-8～圖 2-10）

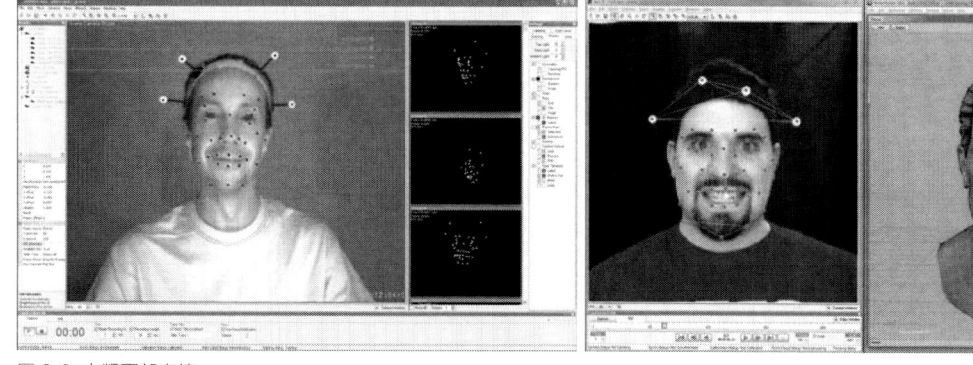

圖 2-8 人類面部表情

图 2-9 OptiTrack 面部表情捕捉系统

圖 2-10《真三國無雙》人物表情設定

第二節 遊戲角色速寫表現練習

　　速寫訓練與素描訓練有著不同的側重點。速寫是角色設計師進行創作素材收集以及積累各種形象資料的重要手段，以便於集中、概括塑造典型化的形象。速寫的物件不僅包括人物，還可以包含走獸、禽鳥和昆蟲。達·芬奇曾經說："我一面成倍地畫素描，一面繪製每一個成分和器官。繪製到那種程度，就彷佛是你手中曾有過這些器官，你一邊轉動，一邊仔細地觀察它們，從四面八方去觀察，從裡到外、由表及裡、從上到下、由下到上地觀察它們。"（圖 2-11）

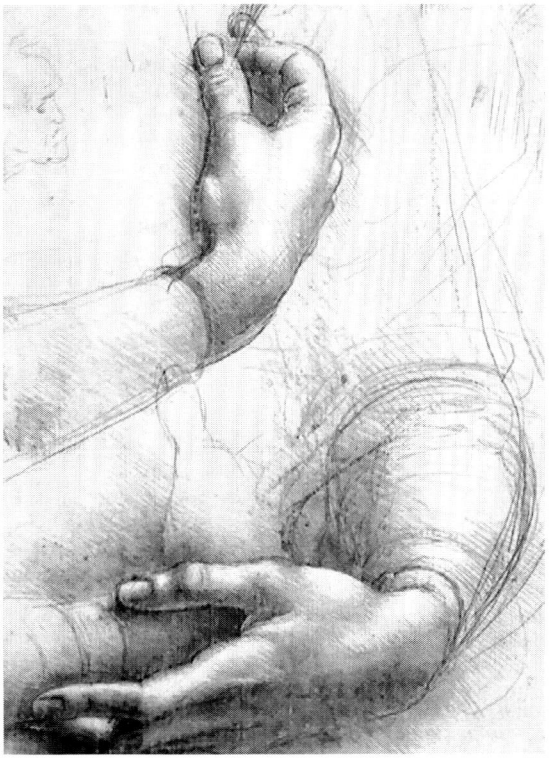

圖 2-11 達文西速寫習作

速寫的側重點主要體現在以下幾個方面。

一、對角色動態規律的把握和記憶

要想抓住角色最為生動的動態特徵，捕捉最具有代表性的運動瞬間，在多數情況下需要當場寫生再根據記憶的補充來完成。首先依據對動態一瞬間的印象，很快地用幾條動態曲線將角色動態記錄下來，然後根據對角色造型結構的理解，參考角色靜止時的造型形態補充整理完成。一般動態速寫要循序漸進，首先從相對靜止、幅度比較小的動作入手，然後逐步由靜到動、由慢到快、由簡到繁。研究性的速寫要盡可能地選擇最能提示本質的、典型的瞬間來表現。（圖 2-12～圖 2-14）

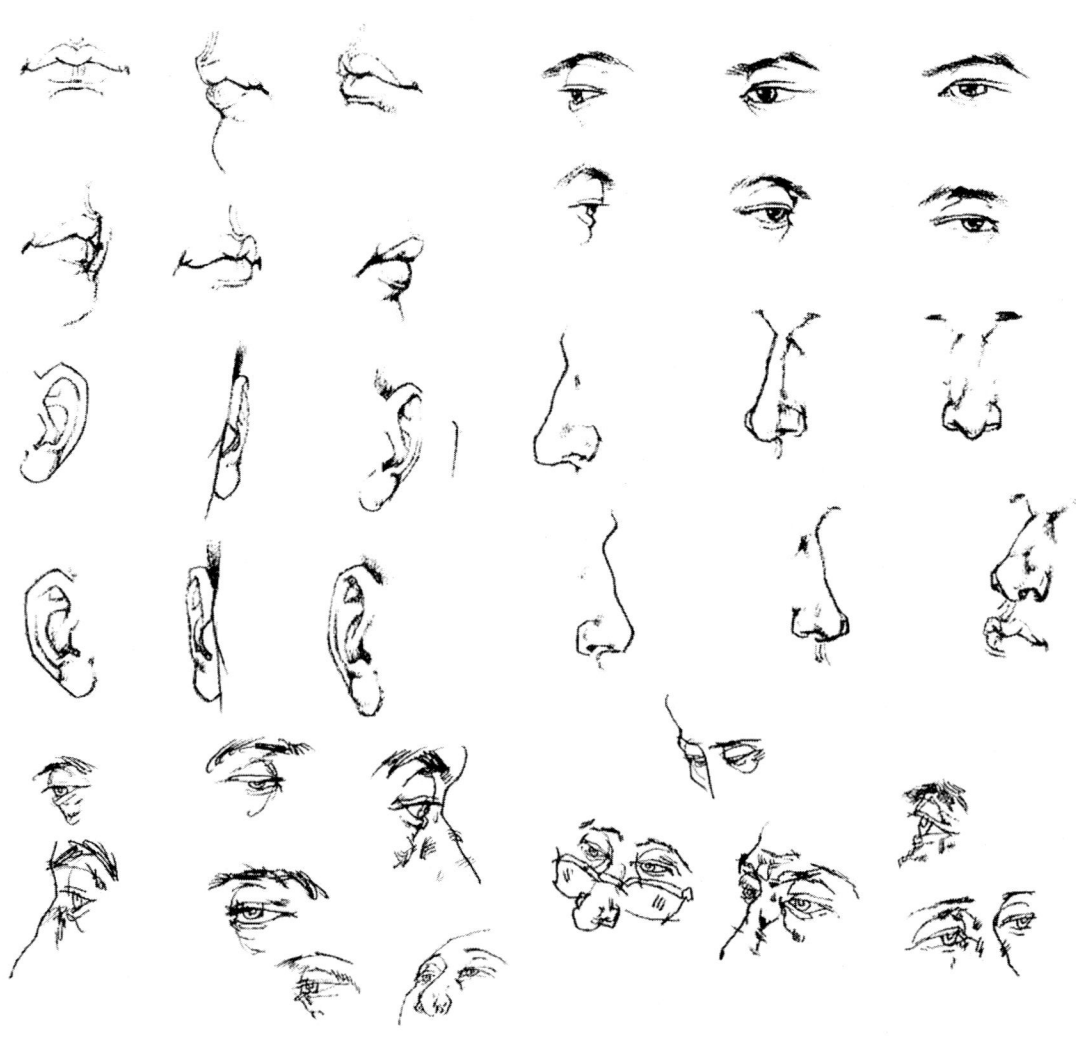

圖 2-12 人物五官速寫練習

圖 2-13 人物速寫練習

圖 2-14 人物著裝速寫練習

作為一名遊戲角色設計師，不僅要提高動態寫生能力，還要透過不斷默寫與臨摹，加強對角色形態、動態的記憶能力。人物角色動態速寫有賴於對人體解剖結構的瞭解。畫動態速寫不僅要研究人體結構的一般生長規律，還要研究人體結構在運動之中的變化規律。在訓練過程中可以首先畫一遍寫生，然後根據寫生下來的動態進行默寫；或者選擇一個比較固定的動態，首先將其默記在頭腦中，然後再默畫下來；還可以根據某一速寫的動態，透過想像和對其造型結構的把握，畫出這一動態的不同角度，或這一動態的前繼和後續過程。（圖 2-15）

圖 2-15 默寫練習

二、對角色形態的觀察與藝術概括

把握形體各部分的比例和每個局部在整體中的關係，有利於遊戲角色設計師在遊戲角色設計過程中完成概括、變形能力的訓練。透過速寫遊戲角色設計師可以對角色造型快速感知，大膽捨棄次要的細節資訊，凸顯其典型化的造型特徵。（圖 2-16、圖 2-17）

三、加強線的表現力

要鍛煉手腦有機配合的快速造型能力和表現能力，特別是線的造型能力。在遊戲角色設計過程中，還有一種研究性的速寫是為了研究生活的某個側面，或記錄生活中某一特殊感受，甚至可以夾雜文字旁注。這種速寫要重點表達場景的氣氛，研究畫面的構圖關係，研究角色與場景景物之間的關係，以及在場景中多個角色之間的相互關係。這種研究性的速寫要善於抓住那些能夠在一定程度上反映事物本質的生活現象，明確其在生活情境中包含的思想意義，避免概念化的弊病。有時在記錄真實生活的過程中對速寫畫面適當進行一些加工，提高對生活的敏銳的觀察能力和認識、分析能力，能夠在許多生活現象中及時抓住那些既有意義又適合用繪畫表現的情景，為創作服務。（圖 2-18）

圖 2-16 典型化角色造型諒耳

圖 2-17 典型化角色動態練習

圖 2-18 表現型速寫

四、突破寫實的誇張與變形訓練

在寫實素描的基礎上，對遊戲角色進行特徵概括與誇張變形，也是遊戲角色造型訓練基礎課程的任務之一。誇張變形是基於對遊戲角色性格、職業、視覺表像等的綜合認識，有意識地改變物件的造型、色彩等屬性，使物件具有更強烈的表現力和感染力，達到神似勝於形似。誇張變形包括局部誇張變形和整體誇張變形兩種方式。局部誇張變形是透過誇張某些造型的局部，達到強化形象本質特徵的效果；整體誇張變形是在歸納概括的基礎上，對形象整體進行變形處理。遊戲角色設計師要依據形態美的造型規律進行歸納概括，將自然形態造型特徵加以整理，去粗取精、刪繁就簡，使藝術形象更加單純化、性格更加典型化，這對在歸納概括的進程中保持原有的典型化形態和造型特徵是很重要的。（圖 2-19）

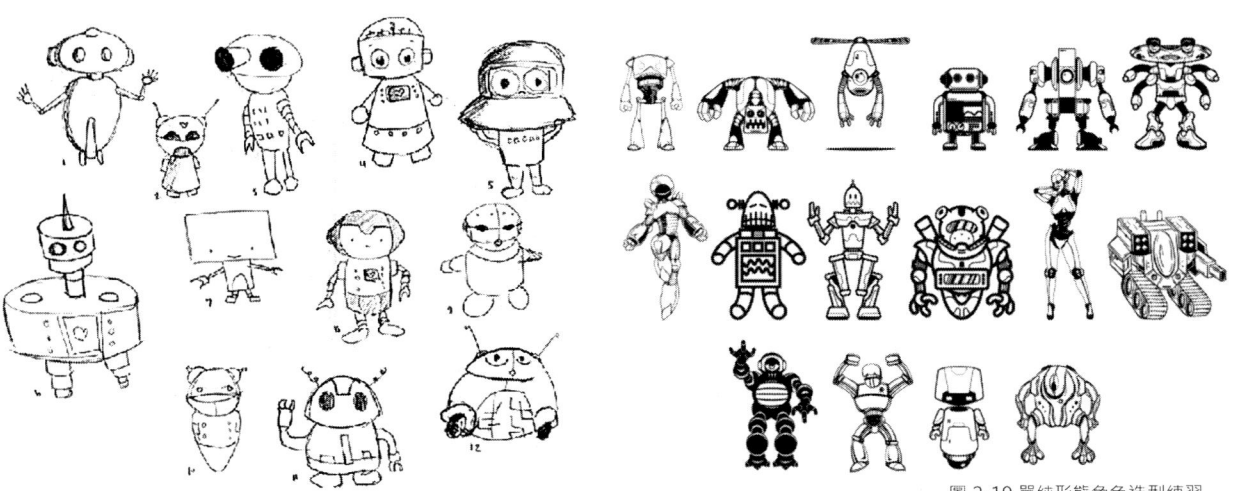

圖 2-19 單純形態角色造型練習

第三節 遊戲角色體塊概念

一、人體體塊分析

遊戲角色原畫的創作遵循的是以速寫、素描和解剖基礎知識相融合的特有解剖概念。其中，將所有繪畫物件的基礎形體簡化為幾何形體進行思考是其根本思想。根據人體解剖特徵，以人體的骨骼、肌肉為基礎，用幾何體塊的方式可以將人體各局部理解成具有相應特徵的幾何體——立方體、球體、柱體、多面體、曲面體等。這些幾何體本身的構造和互相之間的集合，形成人的基本形體結構。（圖 2-20）

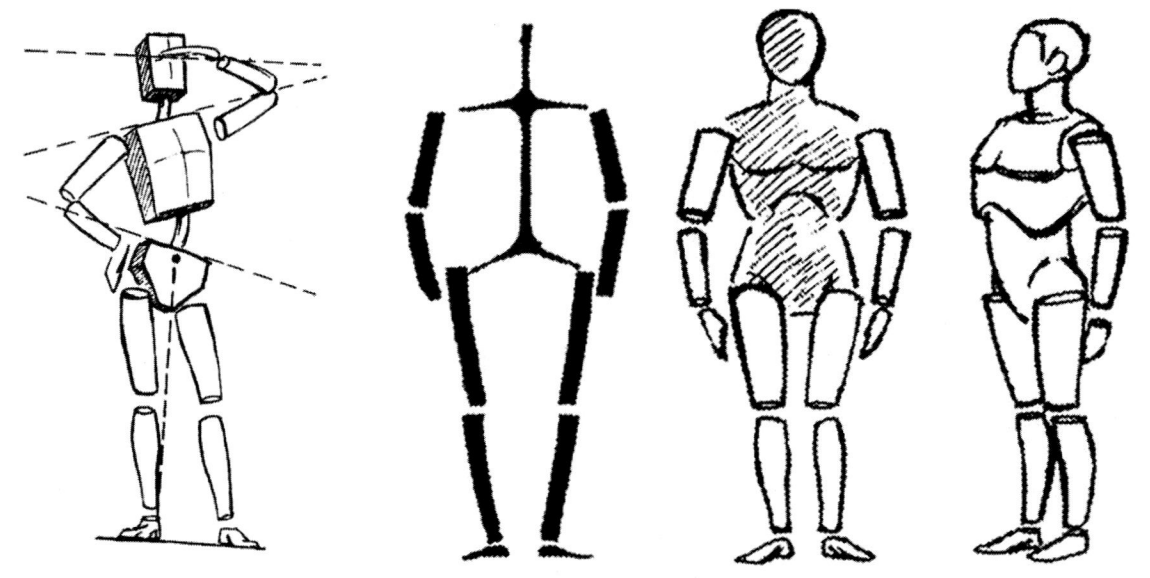

圖 2-20 人體基本體塊

首先，頭部既可以概括地看作一個獨立的立方體，又可以看作是圓柱體的頸部將其連接在人體軀幹上。整個人體則可以分為頭部的正方體、頸部的圓柱體、軀幹的倒梯形長方體、四肢的四個長圓柱體等幾個大的幾何體。然後，在這些大的幾何體塊面上再分出小的體塊來。這些小的體塊貫穿於大的幾何體之間，既有相對規則的形體，也有不規則的。有些彼此之間交叉在一起，形成一個人體的聯結部分。例如，眼睛就像是兩個小球體鑲嵌在頭部這個立方體上。鼻子可概括成一個梯形立方體，而鼻子的鼻頭部分又是由鼻頭的球體和兩邊鼻翼的扁長方體結合交叉在一起形成的。手臂的細分就是兩個圓柱體被一個球形關節連接在一起。而手部可以概括成一個五邊形扁立方體，也是由一個球形關節將手和手臂結合成一個整體。至於手部，當然又可以細分成五個圓柱體和一個不規則六邊形立方體，根據關節還可以繼續細分。這樣就像做雕塑一樣，從幾何形的大輪廓開始，從慢慢細分再到深入把握，最後就可以順利雕琢下去。（圖 2-21～圖 2-23）

圖 2-21 人體頭部體塊結構

圖 2-22 手臂體塊結構

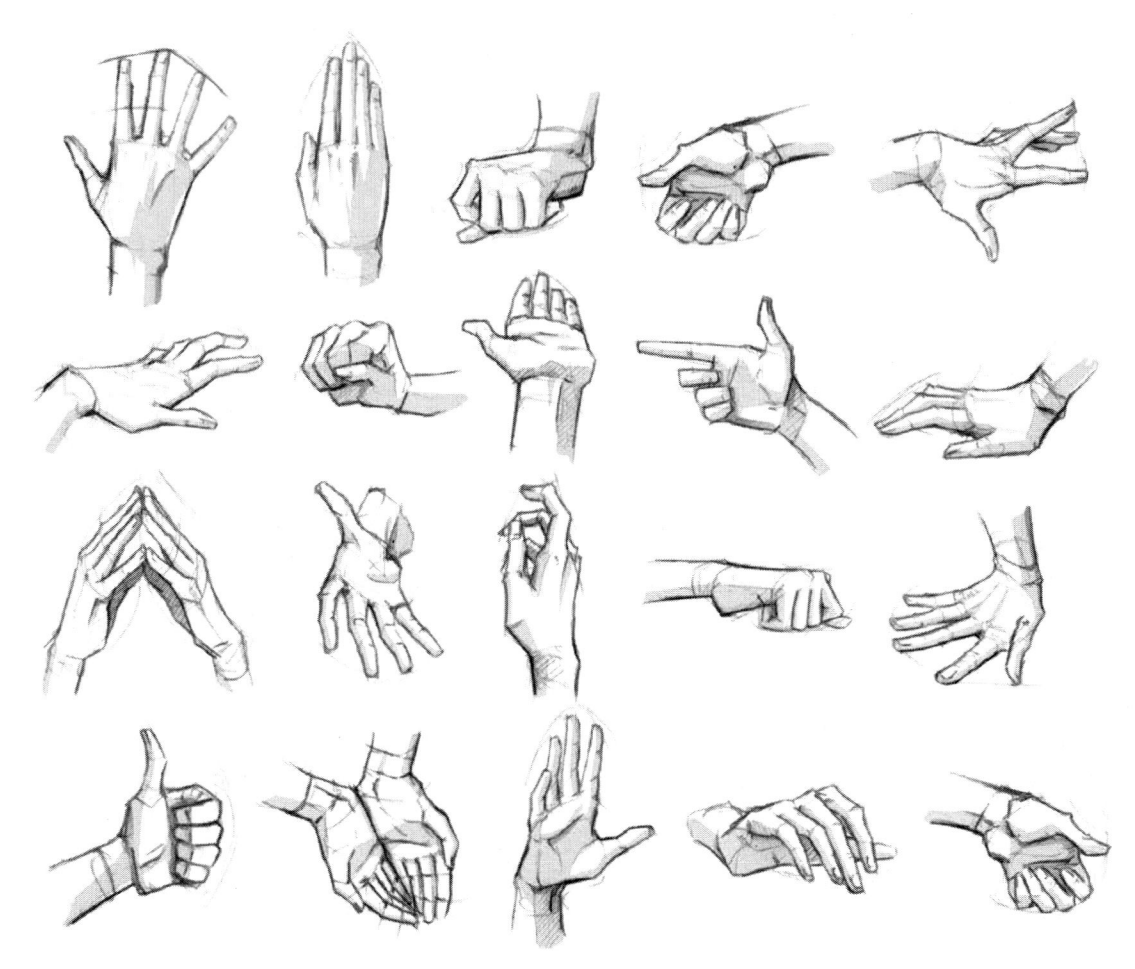

圖 2-23 手的體塊結構

二、人體比例

人體的比例通常以頭長（又稱頭高）為單位：成年人通常為 7 個半頭長；從下頷底到乳頭約為 1 個頭長；乳頭至肚臍約為 1 個頭長；手臂（上肢）約為 3 個頭長；上臂約為 3/4 個頭長；前臂約為 1 個頭長；手約為半個頭長；兩臂之間的距離約為 7 個頭長；腿（下肢）約為 4 個頭長；大腿（大轉子至膝關節）約為 2 個頭長；小腿（膝關節至腳跟）約為 2 個頭長；兩臂平舉伸開的長度與其身高相等。

人體各種姿勢比例：站姿約為 7 個半頭長；坐姿約為 6 個頭長；彎腰姿約為 5 個頭長；席地坐姿約為 4 個頭長。

不同年齡的人有不同的比例關係:1～2 歲的幼兒約為 4 個頭長；5～6 歲的小孩約為 5 個頭長；9～10 歲的兒童約為 6 個頭長；14～15 歲的少年約為 7 個頭長；成年人約為 7 個半頭長。掌握了大致的比例關係，再畫不同年齡的人物時，比例就不會有很大的出入了。（圖 2-24、圖 2-25）

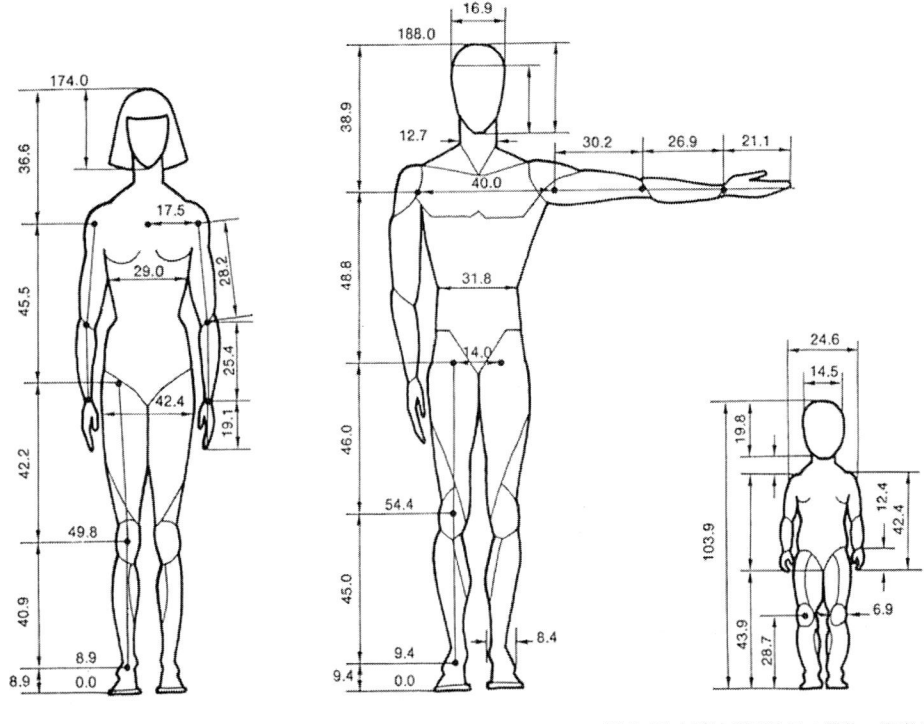

圖 2-24 人體比例關係圖（單位：毫米）

圖 2-25 遊戲角色人體比例設定圖

人體比例標準並不是一成不變的，但對於從事藝術創作的學生來說，這個比例是可靠的，必須牢記。藝術創作講究技法，技法來自於準則，而非草率。對懂得藝術準則和人體比例的藝術家而言，他們更清楚應該如何靈活地把握這些準則。（圖 2-26）

圖 2-26 不同身體比例決定角色性格特徵

三、頭部體塊

頭部的形狀和它在人體上的中心位置決定了必須將其研究透徹。按照頭骨的結構和形狀，頭部分為腦顱和麵顱兩部分。腦顱的體積較大，形狀圓滑。而面顱體積雖然只占 1/3，卻集中了所有面部器官，所以其複雜表情難以表現。從幾何形體上考慮，也可以把頭部理解成一個球體加上下顎形成的複雜形狀。在繪畫中，依據形體的關係、位置和形狀，想像出肌肉和皮膚形狀再進行繪製，可以避免臆造出來的不準確和變形。（圖 2-27）

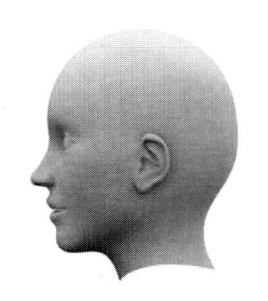

圖 2-27 頭部體塊

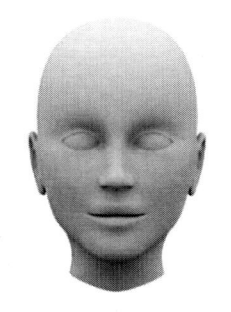

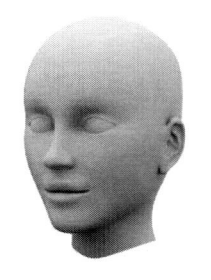

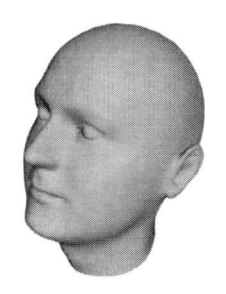

1. 眼部構成

眼部包括眼眶、眼瞼和眼球。眼眶可以理解為左右置放雙眼球的四方體。眼瞼包裹在眼球外，分上、下眼瞼。眼球近似球形，外膜前部叫角膜，呈透明狀；後部叫鞏膜，呈白色；中膜前是虹膜，呈棕黑色，可以收縮和放大。（圖 2-28）

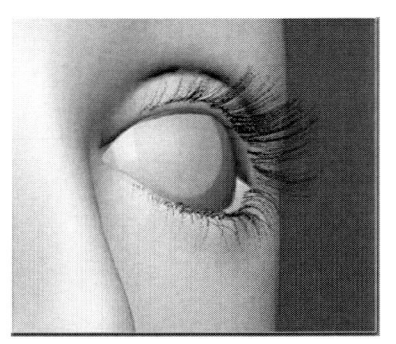

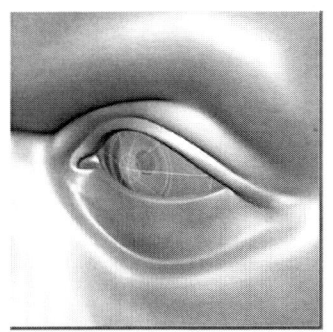

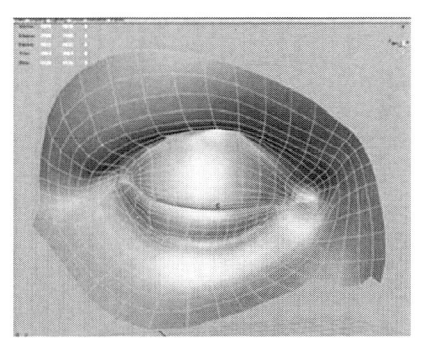

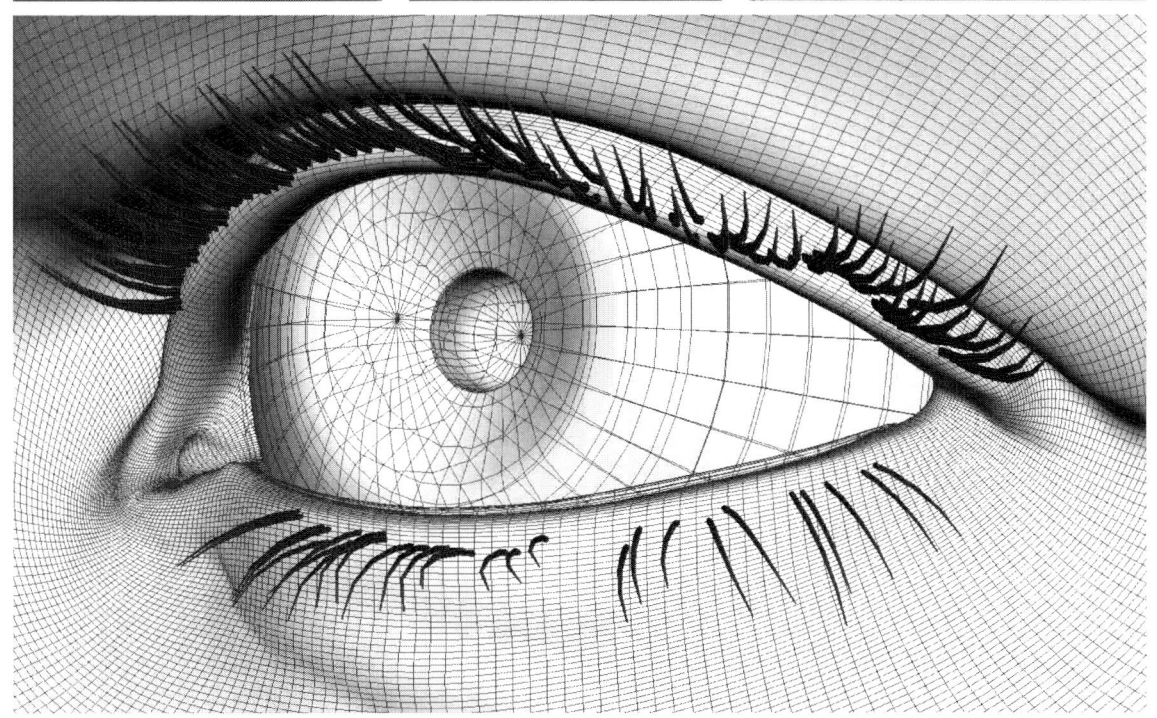

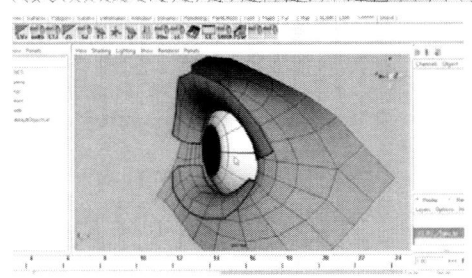

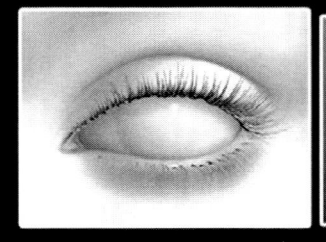

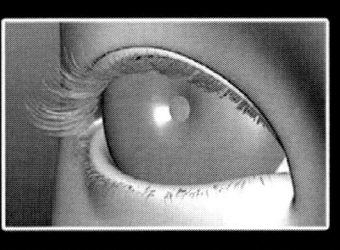

圖 2-28 MAYA 軟體中製作的眼睛

2. 耳部構成

耳部是脫離在骨骼以外的軟骨，所以從頭骨上看不見它的蹤影。它包括耳輪、耳廓、耳垂等部分，形狀結構複雜，但往往能對人物造型起到很好的補充說明作用。（圖2-29）

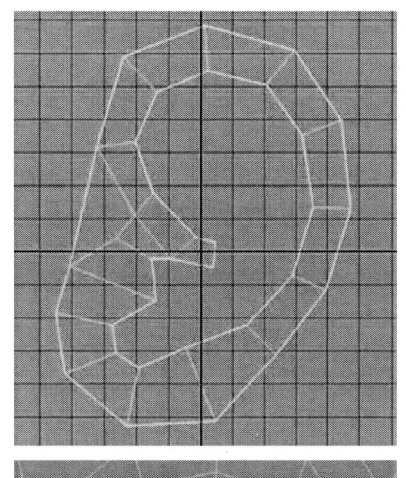

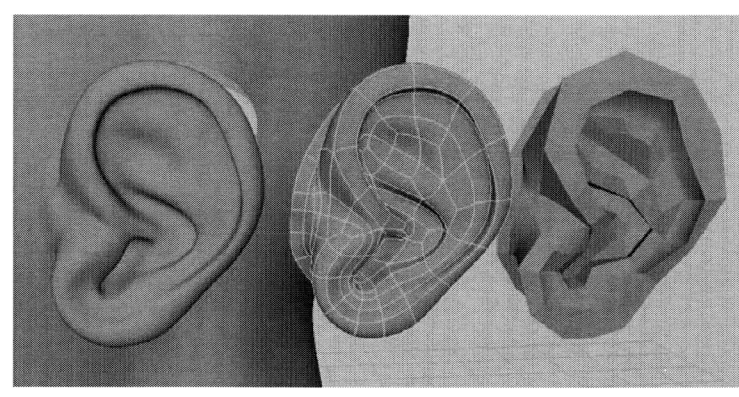

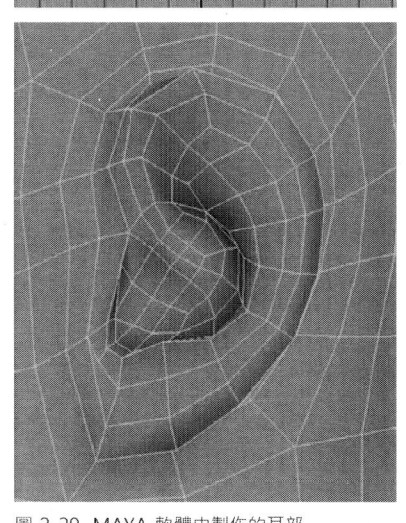

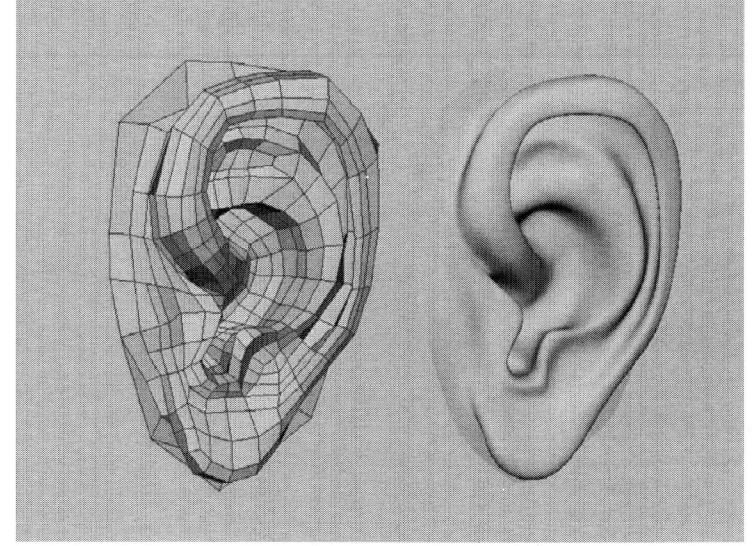

圖2-29 MAYA軟體中製作的耳部

3. 鼻部構成

鼻部的支撐主要是由上端呈鋸齒狀的鼻骨與額骨相連，下端寬薄的鼻翼與鼻軟骨相連完成的。其中鼻骨的形狀、鼻翼的寬窄決定了鼻子的形狀。（圖2-30）

4. 嘴部構成

嘴部的描繪要注意嘴的形狀呈菱角形，而不是平面的，可配合下頜骨的運動來考慮。（圖2-31）

5. 面部構成

人的面部是具有普遍性的，但只要調整額頂、眉骨、顴骨、下頜之間對應的寬窄變化，再輔助臉、耳、口、鼻的形狀，就會創造出不同的面部表情。（圖2-32）

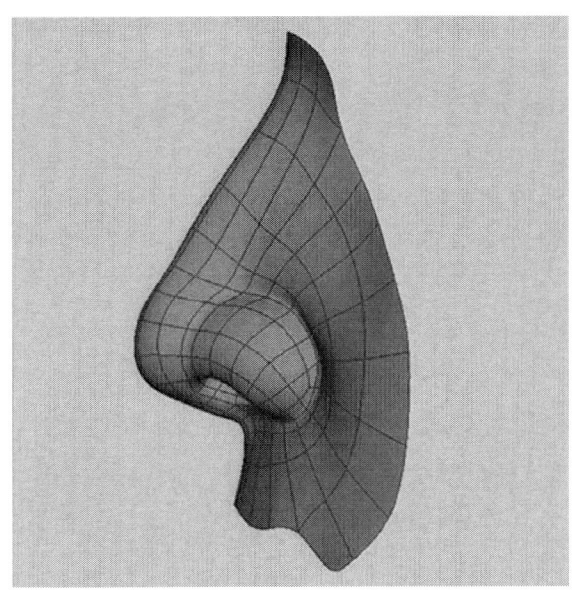

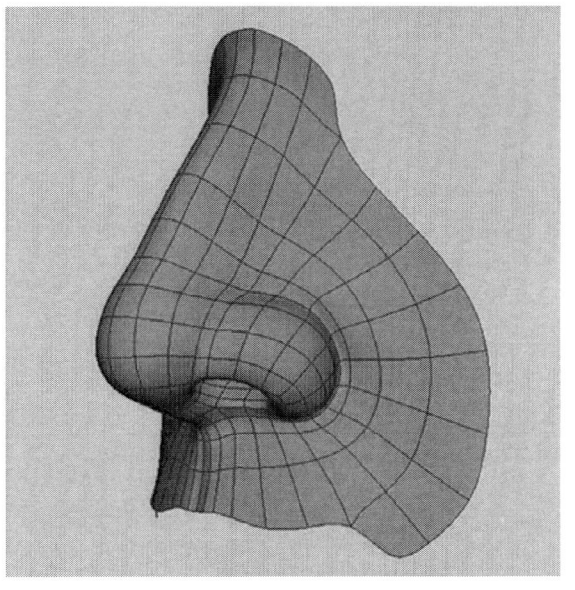

圖 2-30 MAYA 軟體中製作的鼻部

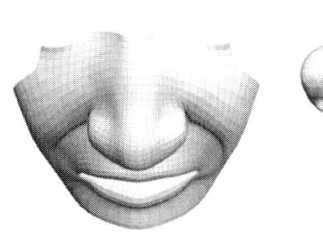

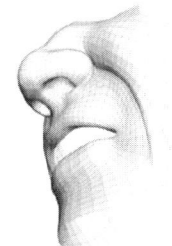

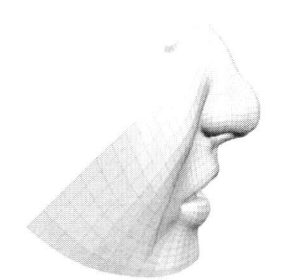

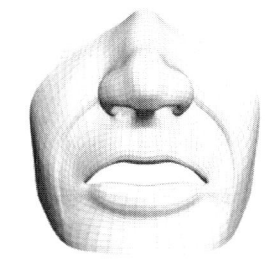

圖 2-31 MAYA 軟體中製作的嘴部

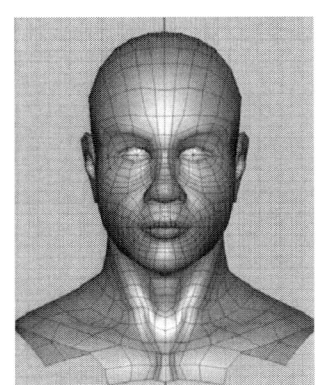

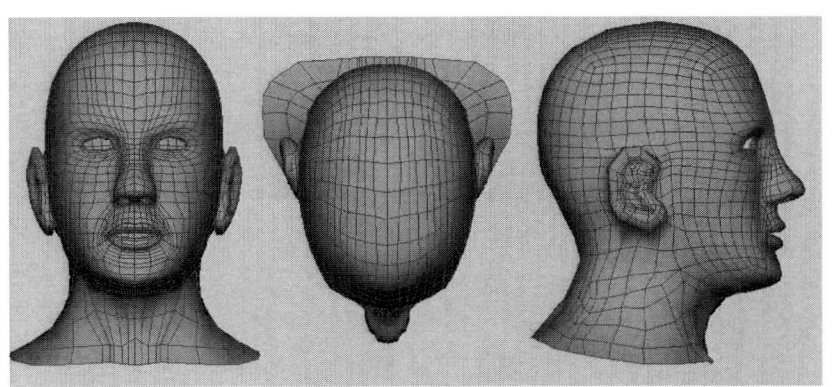

圖 2-32 MAYA 軟體中製作的面部

第四節 經典遊戲角色造型體塊分析

遊戲角色的設計，其體型雖然看起來千奇百怪，但大多來自對人體外形的異化。遊戲角色體塊結構可以參考前面人體體塊部分內容的介紹。

一、《星之卡比》遊戲角色造型體塊分析

《星之卡比》（Kirby）是由HAL研究所和任天堂公司合力創造的電子遊戲系列。櫻井政博（Sakurai Masahiro）剛創造出此角色時它的名稱叫Popopo，它在GAME BOY遊戲Twinkle Popo當主角。後來Ｐｏｐｏｐｏ改名"卡比"，遊戲名也改為《星之卡比》。這款遊戲的定向是"初級者適用"，所以很容易，不太需要動腦筋。第二款遊戲命名為《星之卡比·夢之泉物語》。在這款遊戲裡，正式為卡比添上粉紅偏白的顏色，也為以後的《星之卡比》遊戲奠定了一個基礎。（圖2-33）

圖 2-33 任天堂公司出品的遊戲《星之卡比》

卡比給人的第一印象是可愛，即使在遊戲裡它經常要打倒敵人。卡比的另一特色是它的拷貝能力（即變身能力），因為卡比要吸進敵人才能得到變身能力，這給人一種神秘感，看到一個新的敵人它都想試試看吸了會怎麼樣。隨著卡比的變身能力越來越重要，卡比所在的世界也越來越幻化。遊戲中的卡比是一個氣球狀的物體，具備飛翔、吞食、變身等特技，弱化了手與腿的體塊，誇大了頭部比例，此種變形凸顯了卡比造型的可愛。（圖2-34、圖2-35）

圖 2-34 "卡比"形象設計

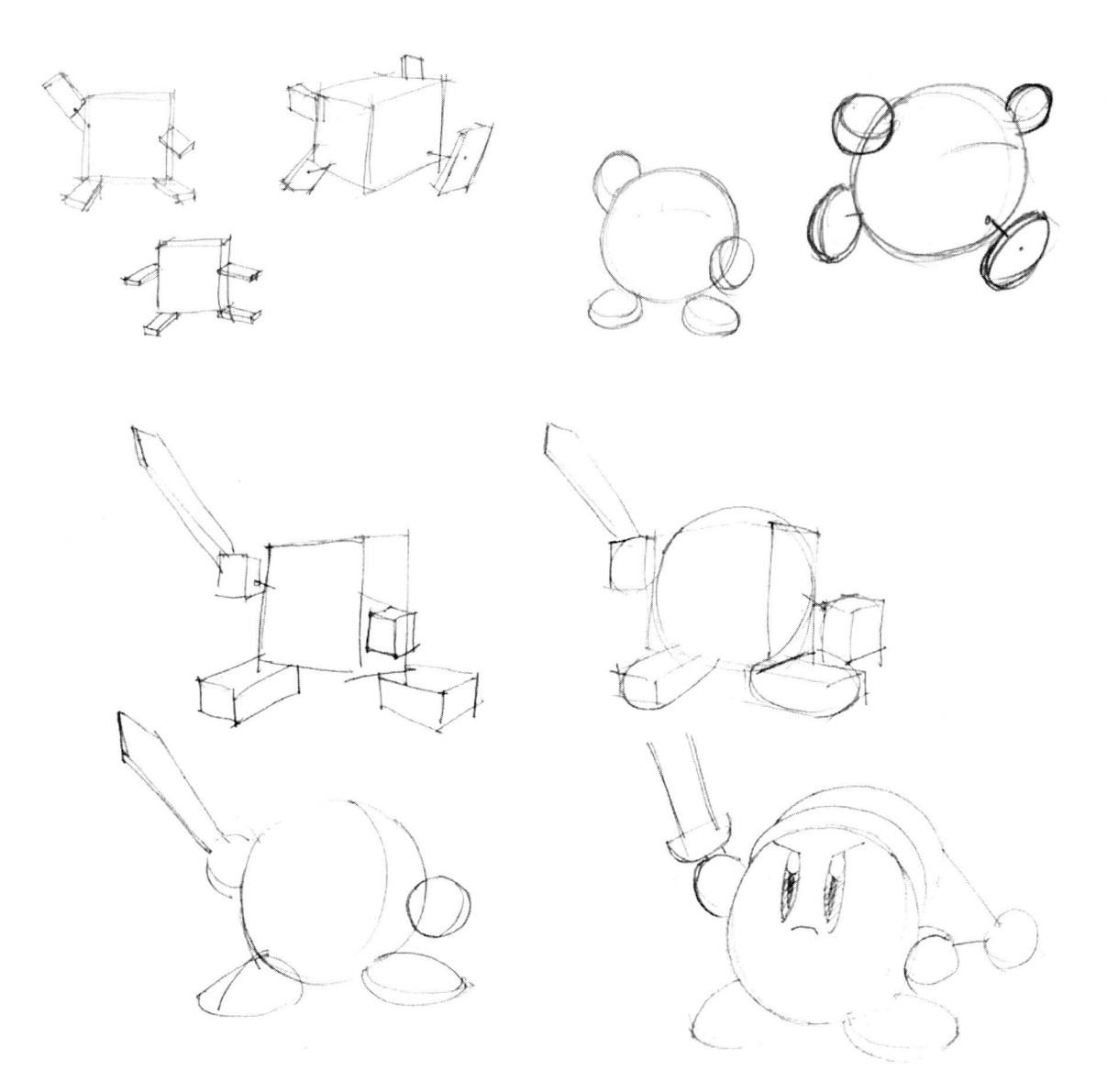

圖 2-35 "卡比"體塊分析

二、《大金剛》遊戲角色造型體塊分析

大金剛（Donkey Kong）是任天堂出品遊戲中的一位遊戲人物，首次出現於 1981 年的《大金剛》街機遊戲。遊戲的主角是瑪利歐，當時被稱為"跳跳人"（Jumpman），女主角是寶琳（Pauline），瑪利歐當時的女友。玩家控制瑪利歐，營救大金剛身邊的寶琳。大金剛向玩家操控的瑪利歐丟一些滾筒企圖擊中玩家。大金剛又出現在 1982 年的續篇《大金剛 Jr.》（俗稱《大金剛2》），此時大金剛被瑪利歐監禁，大金剛寶寶必須急救大金剛。《大金剛 3》中的大金剛又成為玩家的敵人，主角是"斯坦利"（Stanley the Bugman）。瑪利歐沒有出現，因為這時他已經有自己的遊戲《瑪利歐兄弟》。第三代裡，大金剛侵入斯坦利的溫室企圖用惹惱的蜜蜂來毀壞他的溫室，玩家控制斯坦利來阻止大金剛。（圖 2-36）

《大金剛》之後，瑪利歐成為了任天堂的主要遊戲角色，大金剛被丟棄成為配角，如街機的《拳無虛發》、紅白機版的《俄羅斯方塊》《超級瑪利歐賽車》和 Virtual Boy 版的《瑪利歐網球》。1994 年手掌機版的《大金剛》標誌了他作為主角復生。當時，他的相貌被重新設計，此後身著一條時髦的領帶。（圖 2-37、圖 2-38）

圖 2-36 任天堂公司出品的遊戲《大金剛》

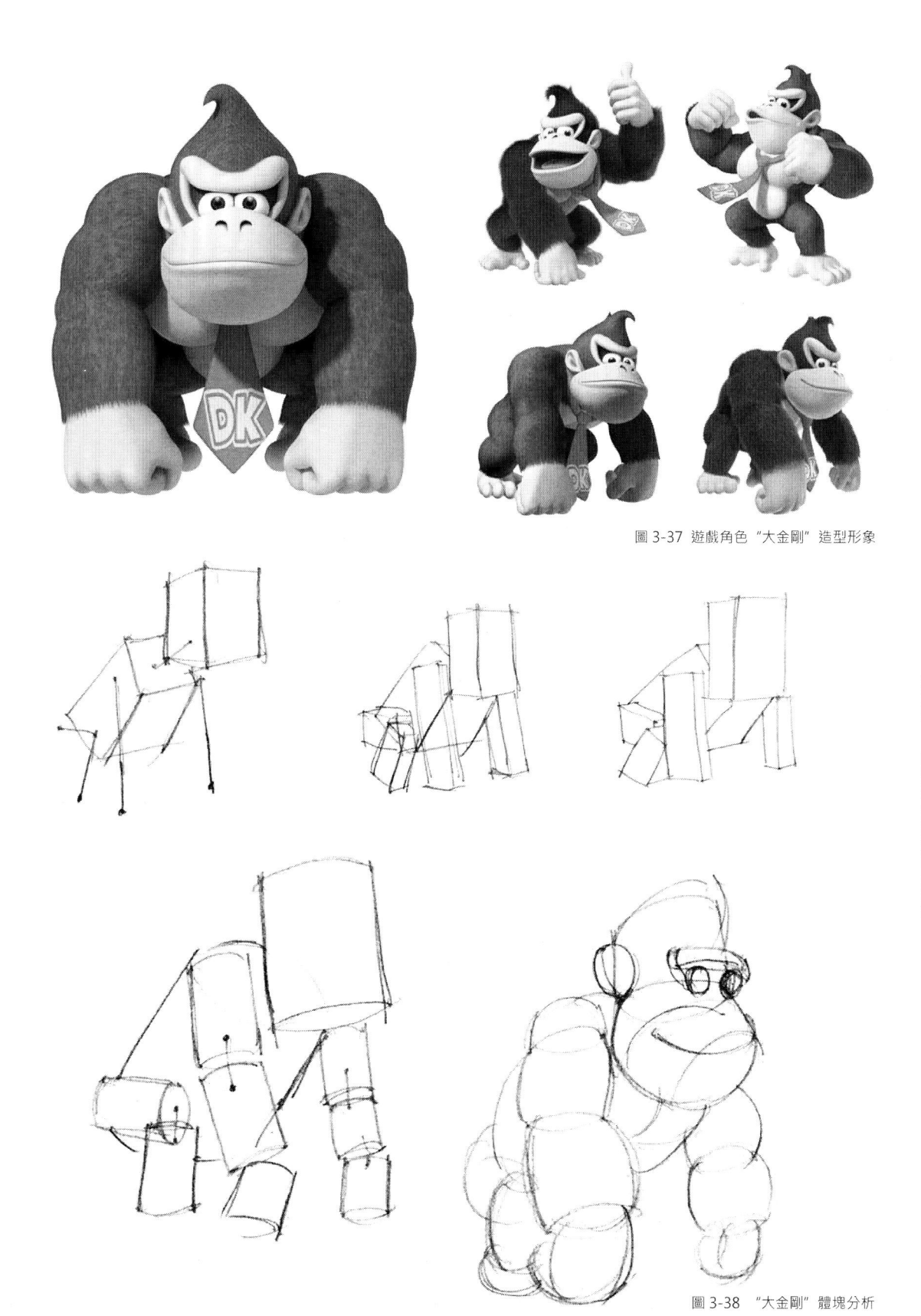

圖 3-37 遊戲角色 "大金剛" 造型形象

圖 3-38 "大金剛" 體塊分析

三、《超級瑪利歐》遊戲角色造型體塊分析

瑪利歐的出道可以追溯到 1981 年的街機遊戲《大金剛》，那時還沒有瑪利歐這個名字，他只是單純地被設定為一個義大利人角色。當時對瑪利歐有"Mr.電子遊戲""跳躍人"等非正式的稱呼。關於他的正式命名還有一段典故。當遊戲《大金剛》被拿到美國任天堂分部的時候，公司員工發現有一個在倉庫工作的工人瑪利歐，其相貌和動作酷似遊戲中的"跳跳人"，於是"瑪利歐"也就成了這個明星角色的正式名字。1953 年有一部法國電影《恐懼的代價》，主角名叫瑪利歐，搭檔名叫路易基，不知道這是不是遊戲中雙胞胎兄弟路易基誕生的原因。關於瑪利歐的全名，至今一直沒有正式公佈。但是，根據瑪利歐和路易基並稱為瑪利歐兄弟這一事實，可以推斷瑪利歐的全名應該是瑪利歐·馬利歐。其實在瑪利歐題材改編的真人電影中，兄弟倆的全名清楚地寫著"瑪利歐·瑪利歐"和"路易基·瑪利歐"。（圖 3-39）

圖3-39 任天堂公司出品的遊戲《超級瑪利歐》

帽子加背帶工作服、大鼻子和鬍子等特徵，離英雄的形象相差甚遠。再加上少許肥胖的身材，稍不留神大家可能就會把我們的英雄瑪利歐當成在便利商店打工的中年大叔。但是，形象上所帶來的個性和親切感，卻在玩家的心中根深蒂固。瑪利歐的誕生之父宮本茂的設計理念就是"像記號一般讓人一目了然的外貌，容易表現動作的配色"。限於當時硬體的機能，遊戲無法表現精密的畫面。為了清楚表現人物的動作，設計師就把瑪利歐的服裝設計成背帶工作服，這樣可以很好地表現出手臂的動作。關於臉部的設計，當時的考慮是，就算設計得很仔細，在電視上也無法表現出來。有特點、容易辨認才是設計的重點，所以就有了大鼻子、留鬍子、戴帽子的設計。瑪利歐的造型是從人的形體異化而來的，頭部體塊與身體體塊比例為 1:3，誇大了整個鼻子體塊在人物頭部體塊中的構成。上翹的鬍子，穿著藍色背帶帆布工作褲，頭戴紅色工作帽，醒目的"M"字母，其造型形象充分顯示了瑪利歐勇敢、愛冒險的性格特點。（圖3-40、圖3-41）

圖3-40 遊戲角色"瑪利歐"造型形象

圖 3-41 "瑪利歐" 體塊分析

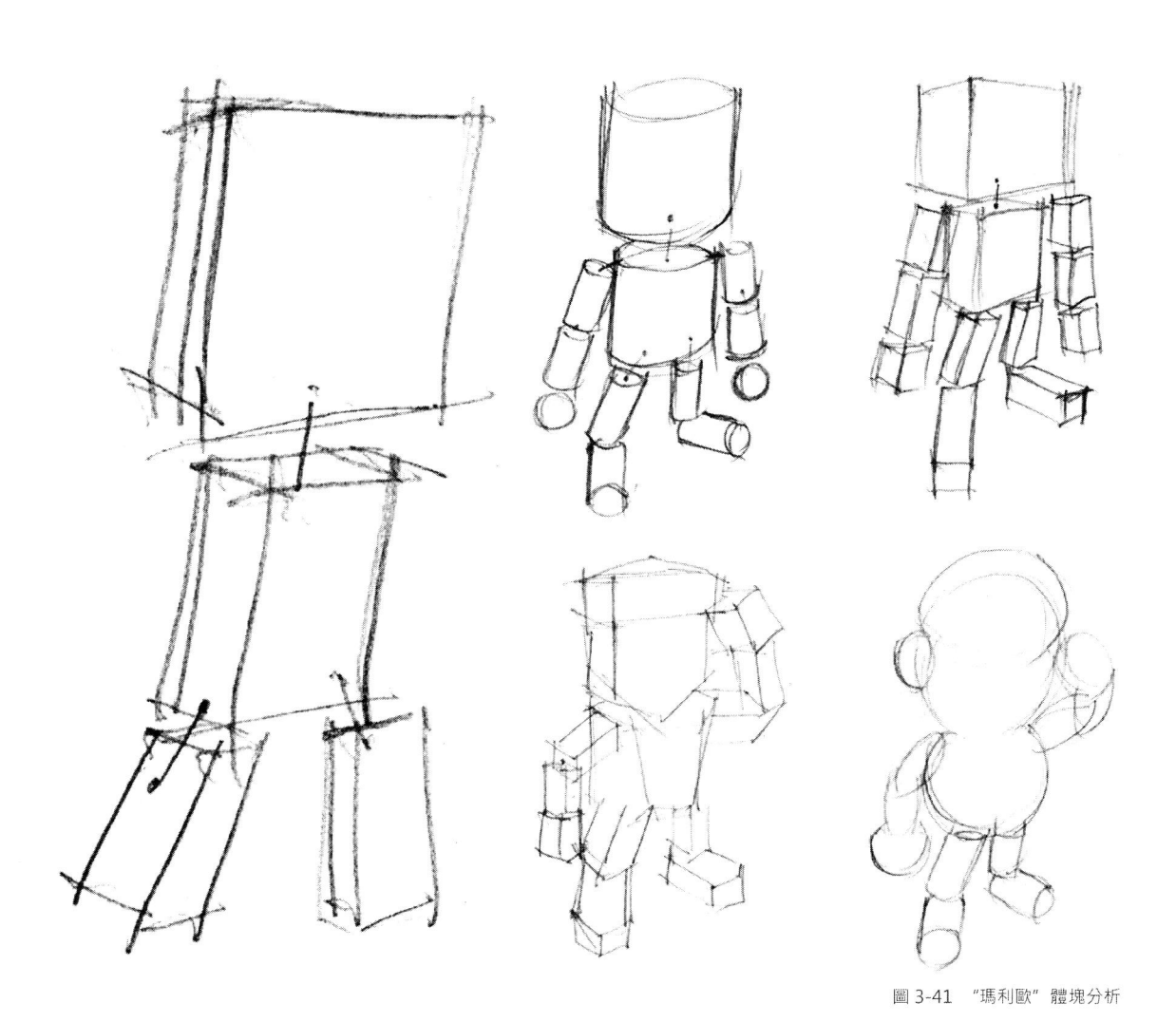

四、《音速小子》遊戲角色造型體塊分析

音速小子是一個著名的遊戲和漫畫造型，也是一款極受歡迎的電子遊戲系列。音速小子作為世界上最具知名度的刺蝟，從誕生起就憑藉其可愛的造型和無可比擬的速度風靡全球，讓無數的玩家成了它的忠實愛好者。以音速小子為主角的電子遊戲曾在多個平台發表，累計銷量已經超過了 1.16 億套。音速小子是世嘉公司的招牌作品，其創作人為中裕司，音速小子的成功讓這個造型成了該公司的形象代言者。（圖 3-42）

圖 3-42 世嘉公司出品的遊戲《音速小子》

1991年，世嘉為了對抗當時的遊戲巨頭任天堂，決定推出一款以競速為主的遊戲。當時作為世嘉員工的中裕司和幾位同事們開始了新遊戲的策劃。最後在世嘉內部進行的投票中，刺蝟和狗獾這兩種動物獲得了爭奪主角的名額。經過再三權衡，中裕司決定以刺蝟作為新遊戲的主角，並為它起名為音速小子（Sonic，即音速）。在當年電玩展上，中裕司推出了這個遊戲的體驗版。當時就有許多玩家迷上了這個遊戲的模式。事實上，中裕司推出的體驗版的遊戲方式非常簡單：玩家只要一直按著前進鍵就可以一路無阻地衝到終點。這種不過腦子的模式卻給玩家帶來了前所未有的速度體驗，因而，在當年的遊戲展上，世嘉大獲成功。（圖3-43、圖3-44）

圖3-43 遊戲角色"音速小子"造型形象

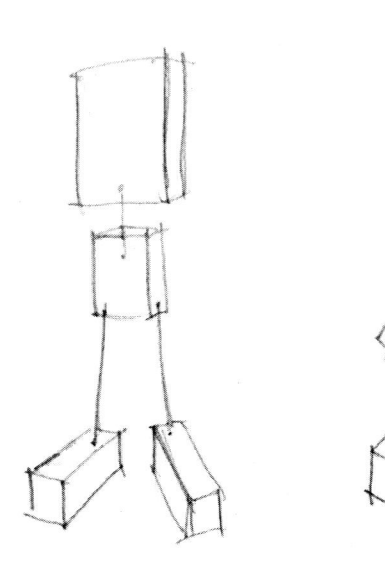

圖3-44 "音速小子"體塊分析

本章小結：素描與速寫是遊戲角色造型的基礎，是創作遊戲角色的前提條件。加強基本功的訓練，具備良好的造型能力，遊戲角色設計師在以後的設計中才會熟能生巧，應用自如。遊戲角色的體塊關係是設計、繪製遊戲的關鍵，應熟練掌握其結構關係。

思考與練習

1. 進行遊戲角色素描練習應該注意哪些方面的基本要求？
2. 默寫一組你所熟悉的人物速寫，並在此基礎上對其進行五官與身體的變形。

第三章
遊戲角色形體解剖與造型設計

主要內容：本章著重學習遊戲角色的解剖形態與造型規律，並透過一些經典遊戲的角色造型分析來講述解剖與形態構成規律在實際設計中的應用。本章針對遊戲角色的形體特徵進行詳細介紹，透過案例分析的方法來講授遊戲角色設計原理。

本章重點：著重學習人的五官基本形態，以及軀幹四肢、手部等骨骼與肌肉的解剖常識，掌握遊戲角色體型特徵與造型設計原理。

本章目標：透過對人的五官、面部、頭部、軀幹四肢等形體解剖知識的學習來整體把握形象，並明白局部表現對整體表現的影響。

第一節　人體解剖

在前面的章節裡我們提到結構的重要性，而設計遊戲人物時，人物解剖，即構成人物的骨骼與肌肉，就是它最基本的結構。想要畫好人物，就必須潛心研究解剖知識。當然，造型訓練不需要我們對人體的每一塊骨骼或肌肉像醫生一樣瞭若指掌，但作為對人體的一般認識，尤其是影響造型外表起伏凹凸、轉折鉚接的關鍵部位和結構點必須牢記。這樣，我們在寫生或者創作時就能做到心中有數，有助於我們觀察得深入並表現得準確。（圖3-1）

圖3-1 遊戲人物骨骼結構設定

一、骨骼與肌肉

在傳統繪畫中，人物肖像類作品的比重是相當大的。從原始壁畫到希臘羅馬栩栩如生的雕塑，再到文藝復興時期引人注目的油畫肖像，我們都可以從中看出藝術家對解剖知識的深厚積累。在平時的速寫練習中多做一些骨骼默寫練習，對於掌握人體結構和運動動態是非常有用處的，即使是像達·芬奇這樣的大畫家，也經常會做骨骼肌肉結構的寫生和默寫練習。不斷地練習是做出優秀的遊戲角色造型設計的基礎。（圖3-2、圖3-3）

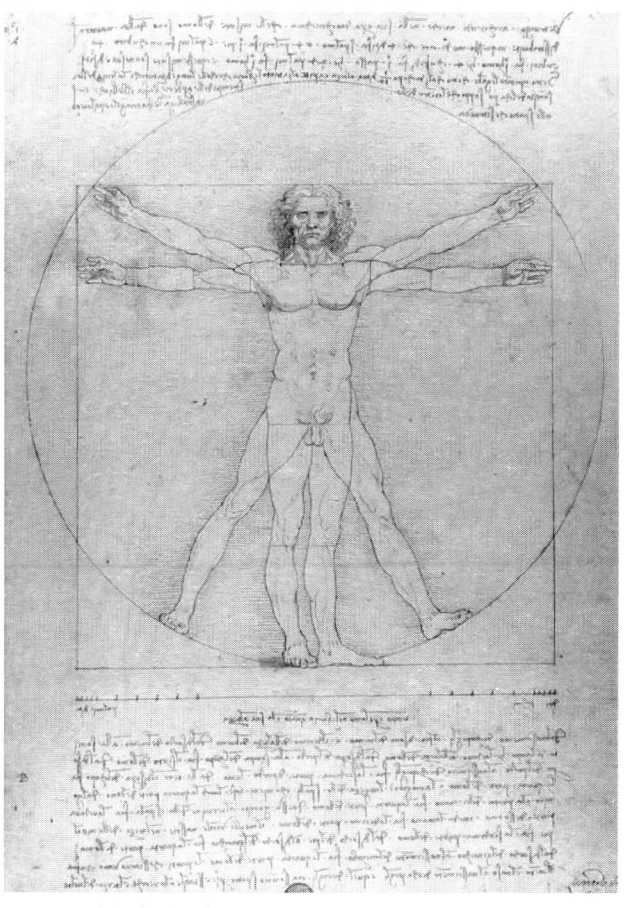

圖 3-2 達文西人體比例圖

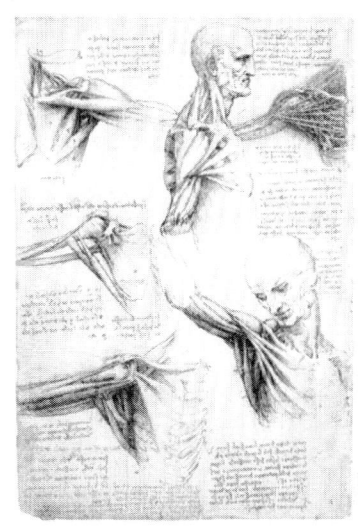

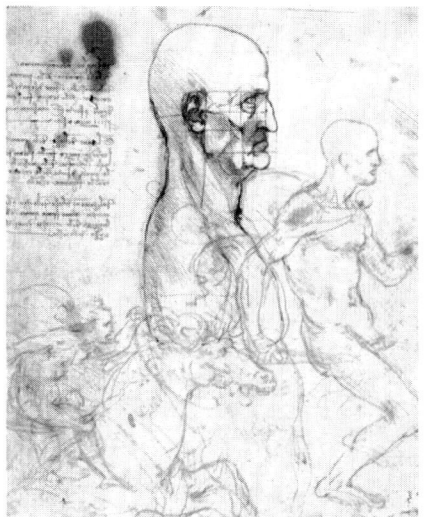

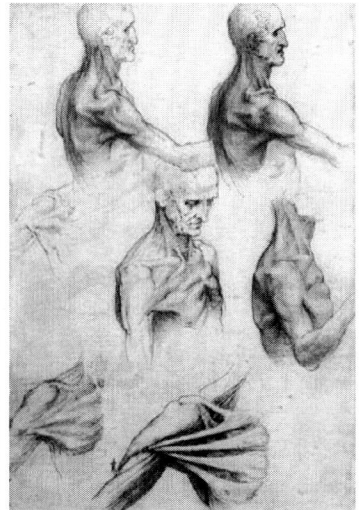

圖 3-3 達文西素描習作

大多數遊戲作品中的人物或其他具有人類情感特質的角色是作品中的主體。要表現出生動具體的現實形象，並讓其在作品中自由發揮，除了對構造要有自如的控制能力，更需要對解剖知識有詳細周全的認識。其中，骨骼的組合規律、肌肉組織的固定覆蓋、肢體活動的合理安排是其主要內容。（圖 3-4、圖 3-5）

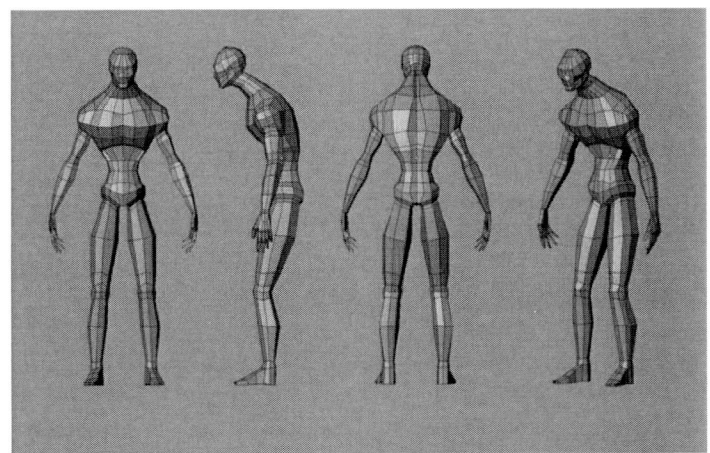

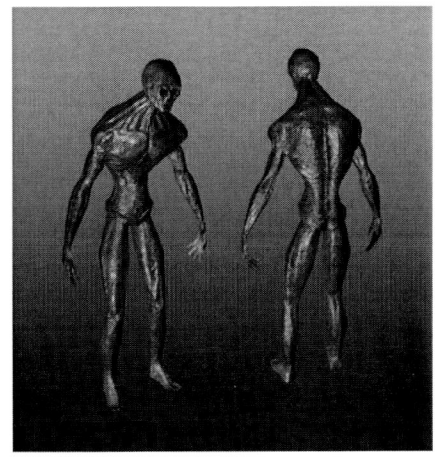

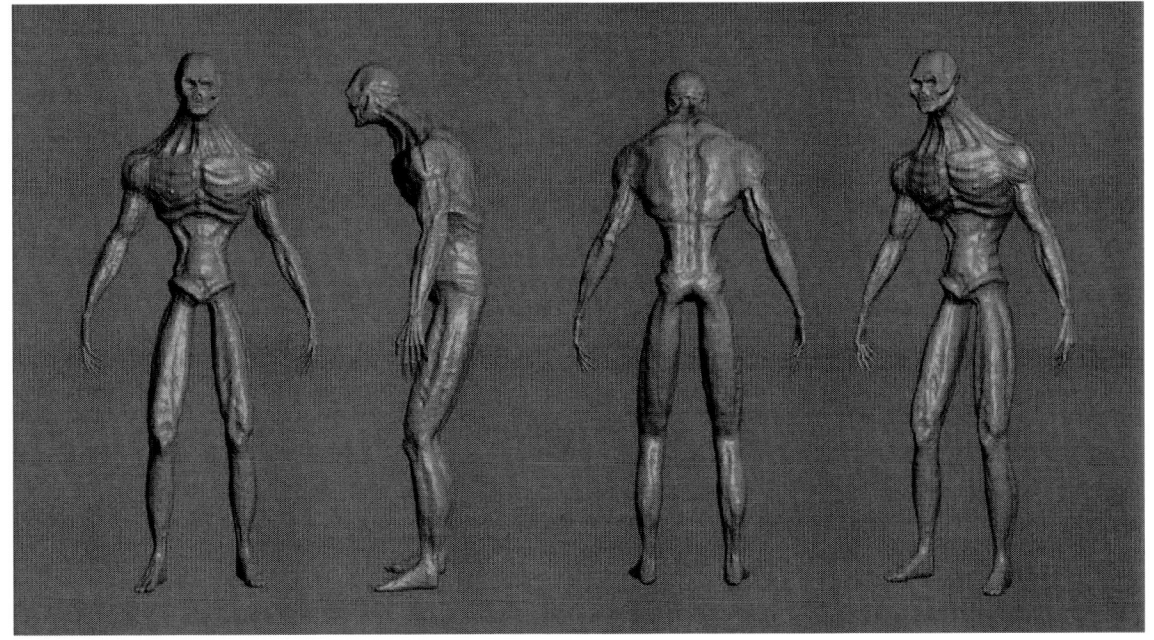

圖 3-4 遊戲角色人物肢體造型設計（一）

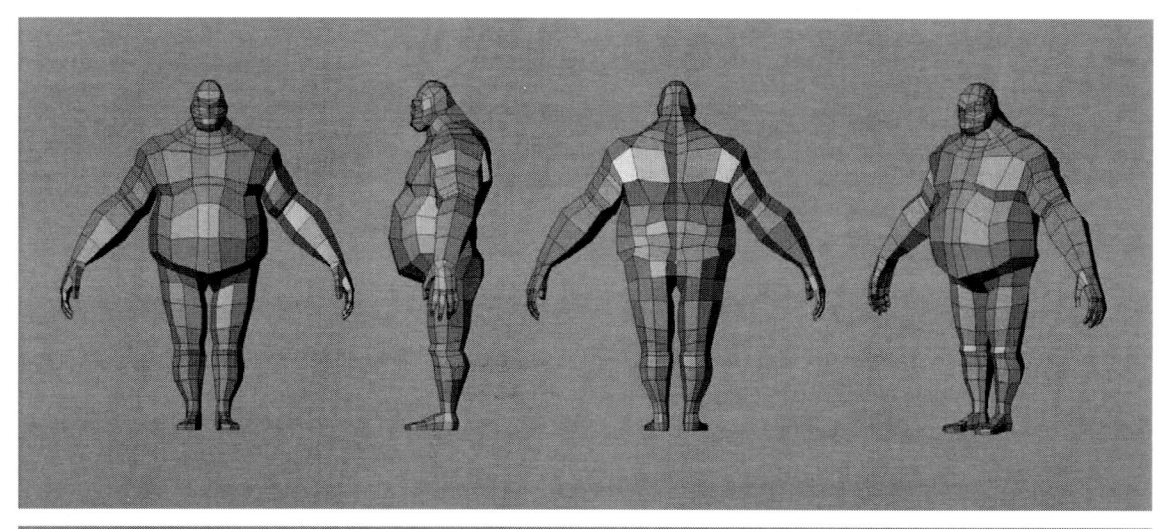

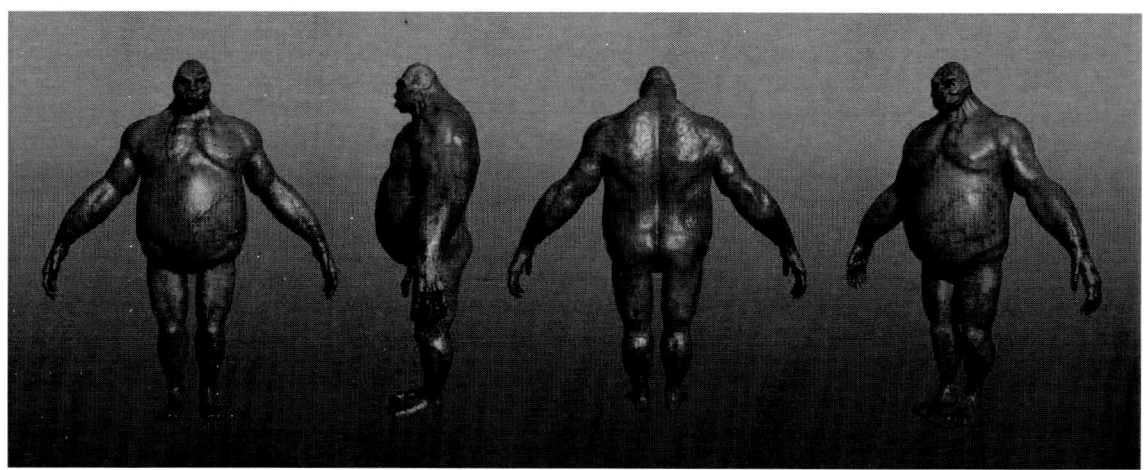

圖 3-5 遊戲角色人物肢體造型設計（二）

二、人體骨骼

世上所有正常人的骨頭都是一樣的，至少 10 萬年以來，人類骨骼的形狀大致相同。要畫好人體，首先得瞭解骨骼的知識，因為骨骼是人體固定的支架。骨骼的形成在於韌帶把骨骼聯結在一起，韌帶一般不影響外形，只是把骨骼的關節牢固地接合起來。骨骼對外形的影響非常明顯，如果單有皮膚把某一部分骨頭遮住，我們把它叫作皮下骨。只有極少數部分的肌肉才能厚實地把下面的內骨骼完全遮沒。即使骨骼在深處，它們的特點也能直接影響身體的外形。任何部分骨骼的外形都是很顯著的，我們平常不察覺，是由於習慣性地注意身體表面的緣故。肉越少的地方，骨的跡象越明顯且呈突出狀。即使在發育健全的人體上，骨骼的形狀也很明顯，例如在頭的大部分、手足的背部、重要的關節等只有皮膚遮蓋的地方。但在非常健壯的人身上，強有力的肌肉把部分骨骼的凸出狀遮住而形成凹窩。

人體共有 206 塊骨骼，分為顱骨、軀幹骨和四肢骨三大部分。人體所有骨骼，其形狀和大小各不相同，有的較大，如脛骨、肱骨等；有的則很小，如趾骨等。從形狀上大致可分為 5 種：長骨、短骨、扁骨、不規則骨和含氣骨。扁平狀的骨骼起保護內臟器官的作用，比如顱骨的作用是保護大腦。棒狀骨骼負責人體運動，例如四肢的骨骼等。脊椎骨是由頸部至臀部貫穿身體中央的骨骼，由上而下，依序是頸椎、胸椎、腰椎、骶骨、尾骨。脊椎是可從外部觸摸得到的凸骨。人體的每根骨骼都是曲線，如果把骨骼畫得完全筆直，那麼人物動作和姿態肯定會顯得死板和僵硬。人的上半身骨骼主要包括頭骨、胸廓、骨盆三部分，由可屈曲的脊柱連接起來。一般站立時，三部分的位置上下重疊。肩骨附著於胸廓之上，與臂骨相連；股骨則與骨盆相連。由於脊柱有活動性，頭骨、胸廓、骨盆之間的關係能起無數變化。很明顯，臂和腿本身的活動性也是很大的。由於骨骼對人體外形的影響很大，我們必須懂得它的結構。解剖每一部分時，在表面的結構下一定有著一種典型的形狀，這便是基本的形狀。肩頭之所以圓，是因肱骨頭圓的緣故。膝部之所以呈立方形，是因為這部分的膝蓋骨呈方形。其他明顯的例子，如腦顱骨的圓球形及胸廓的卵圓形等。（圖 3-6）

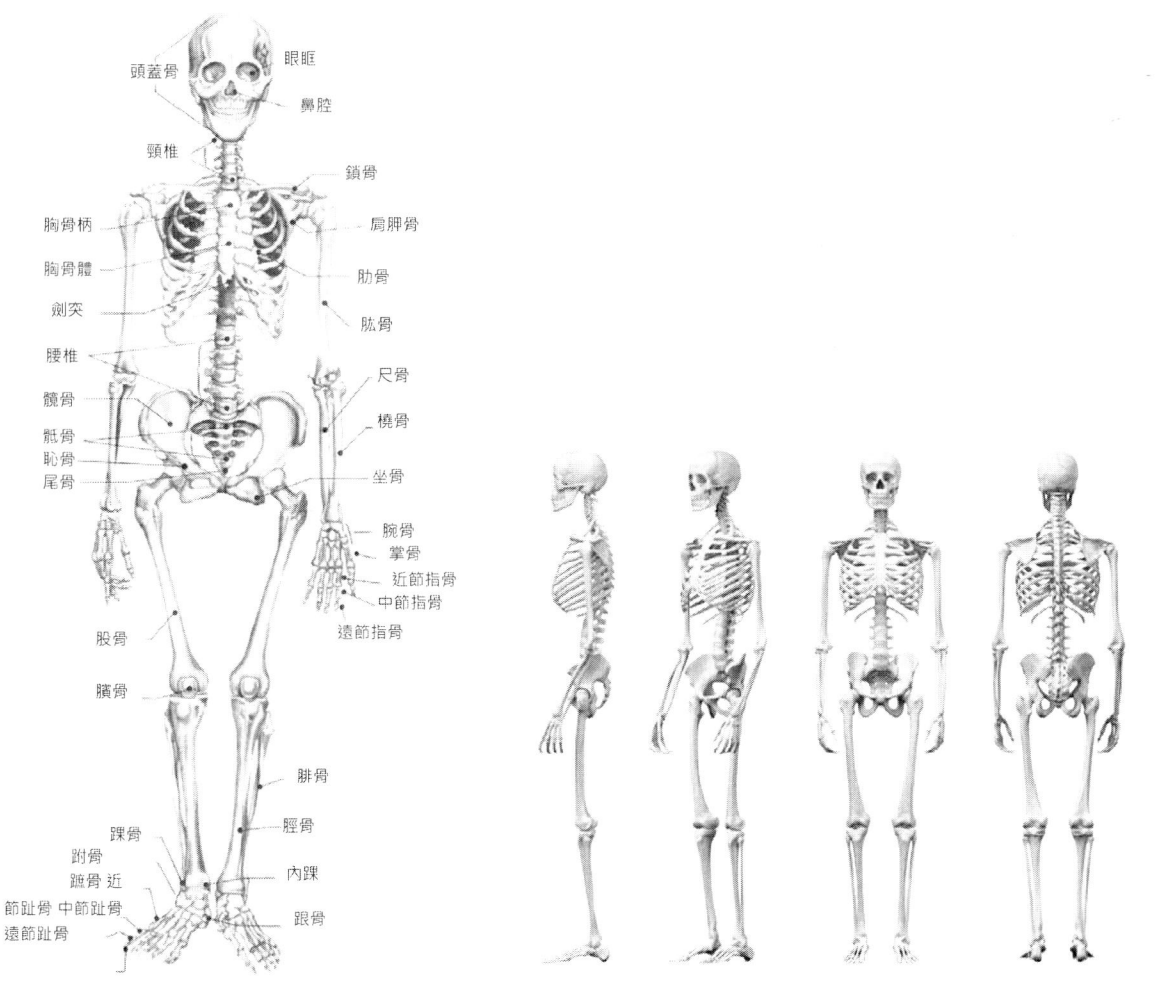

圖 3-6 人體骨骼結構圖

把接近於表面的骨頭畫好後，人體的形象幾乎已經完全構成了。骨骼是構成人體的基礎，尤其像頭、手、足、小腿前方、肩胛骨、胸廓、骨盆等處，它們對人體形狀起著決定性作用。肩、膝、踝、肘和腕關節處的骨骼也決定了各部分的特點。骨骼上的肌肉起強調及修正骨形的作用，如人身上穿的汗衫依附於衫下的身體，使它簡化而飽滿。（圖3-7）

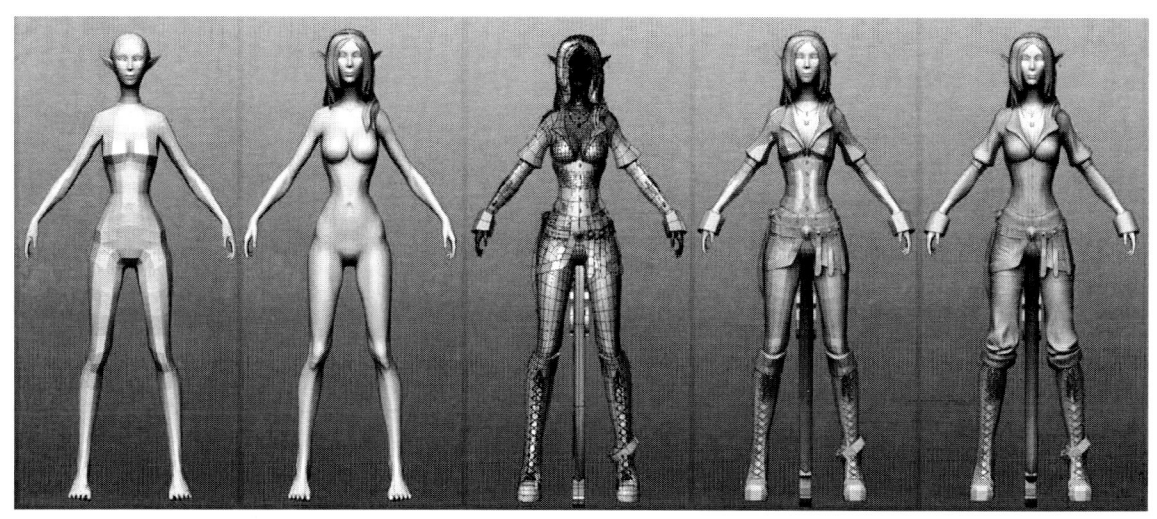

圖3-7 遊戲角色造型設計過程圖

骨有幾類:長的、扁平的、不規則形的。四肢的骨大部分是長的一類，肋骨與鎖骨亦然。頭骨上大的骨都屬於扁平的一類，肩胛骨、髂骨、骶骨、髖骨、胸骨也屬於這一類。很多骨是不規則形的，脊椎、腕骨與踝骨、面部的小骨、骨盆部的坐骨都屬於這一類。

與骨骼有關的專有名詞。

1.突——一般的突起部分。

2.結節——骨面所起瘤狀的隆起部分，常附著肌肉和韌帶。

3.粗隆——骨面粗糙而較為隆起的部分，附著肌肉或肌腱。

4.踝——結合成關節的突出部分。

5.凹、窠——低下的淺穴。

三、人體肌肉

上一小節中，我們學習了骨骼的基本特點以及其對人體外形所起的作用。我們也考慮了骨和外形的關係，並研究了人體主要部分的特點。現在，我們將討論使人體活動並構成肌肉系統的那些力量。這樣的研究勢必要求更全面地瞭解人體運動及靜止時的基本結構和外形。像絕大多數生物的形狀一樣，人體是對稱的，每塊肌肉都有一對，位於中心軸的兩側。這些肌肉或與前方的軸，或與後方的軸相鄰，彼此相對，酷似樹葉或蝴蝶的兩半。前方的軸線自頸窩至恥骨，後方的軸為脊柱。

人體的肌肉有639塊，人們平時的動作和活動，比如走路、跑步、晃動胳臂，還有喜怒哀樂各種表情都是在神經支配下由肌肉收縮來完成的。肌肉的拉緊通常可以帶動骨骼結構運動，人體重量的大部分被骨骼所承擔，同時讓肌肉自由地推進骨骼前進。骨骼對柔軟的器官和身體各部位都起保護作用。在活動的時候，一個簡單的抬手、彎腰姿勢，身上的骨骼和肌肉就隨之變形。（圖3-7）

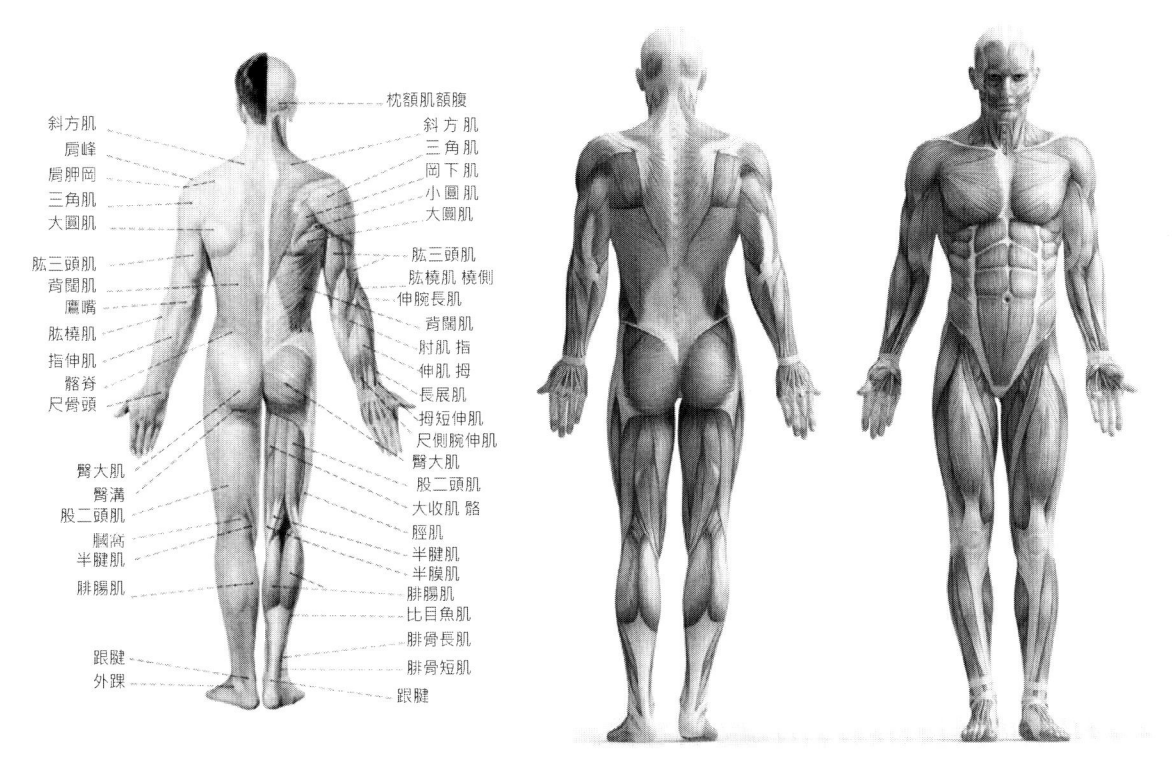

圖3-7 人體肌肉結構圖

如果肌肉經過關節的前方，能使關節屈曲，這一類肌肉通稱為屈肌。如果肌肉經過關節的後方，能使關節伸直，這一類肌肉通稱為伸肌。肌肉有時常因它們的作用而得名，如內收肌、張肌、旋後肌等。有時因形而分類，如圓肌、三角肌、股薄肌、二頭肌等。某些肌肉因位置而得名，如胸鎖乳突肌、胸肌、脛骨前肌等。上面沒有其他肌肉結構遮蓋的肌肉稱作淺層肌，淺層肌之下的肌肉稱為深層肌。（圖3-8～圖3-10）

根據繪畫的需要，設計者主要應熟悉的是 66 塊肌肉。每塊肌肉的三方面情況必須瞭解:第一，應瞭解它的形狀和相應的大小；第二，瞭解其位置和活動範圍，始自哪裡，嵌入哪部分；第三，瞭解它的作用和動作是什麼。肌肉在人體上的外形由三方面情況決定:鬆弛、收縮和伸張時的狀態。肌肉自鬆弛轉入動作時，顯得鼓起，伸張時則拉平。在鬆弛和伸張情況下，面部和軀幹的肌肉變化更多，其結果往往會引起肌肉的外形發生根本的變化。軀幹上的肌肉一半收縮時，另一半便伸張，這種變化是多樣而統一的。肌肉大致說來是鼓起的，最實在的部分常靠近中間，解剖的形狀是凸出的，注意這一點可以加強繪畫表現效果。在表現人體時一般易犯的錯誤是不符合人體凹凸的實際情

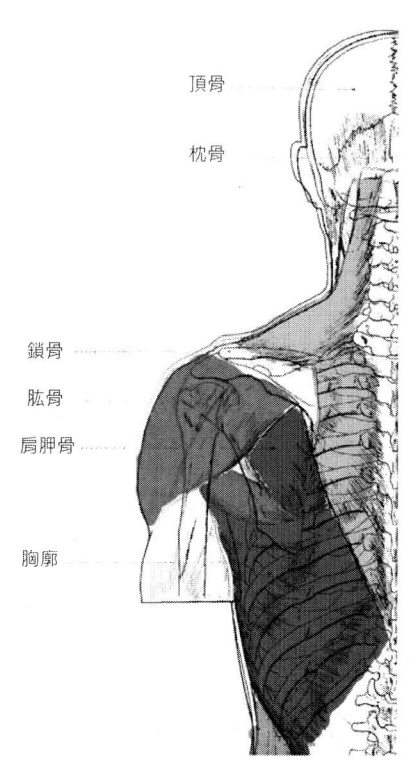

圖 3-8 人體上肢骨骼肌肉結構名稱圖（一）

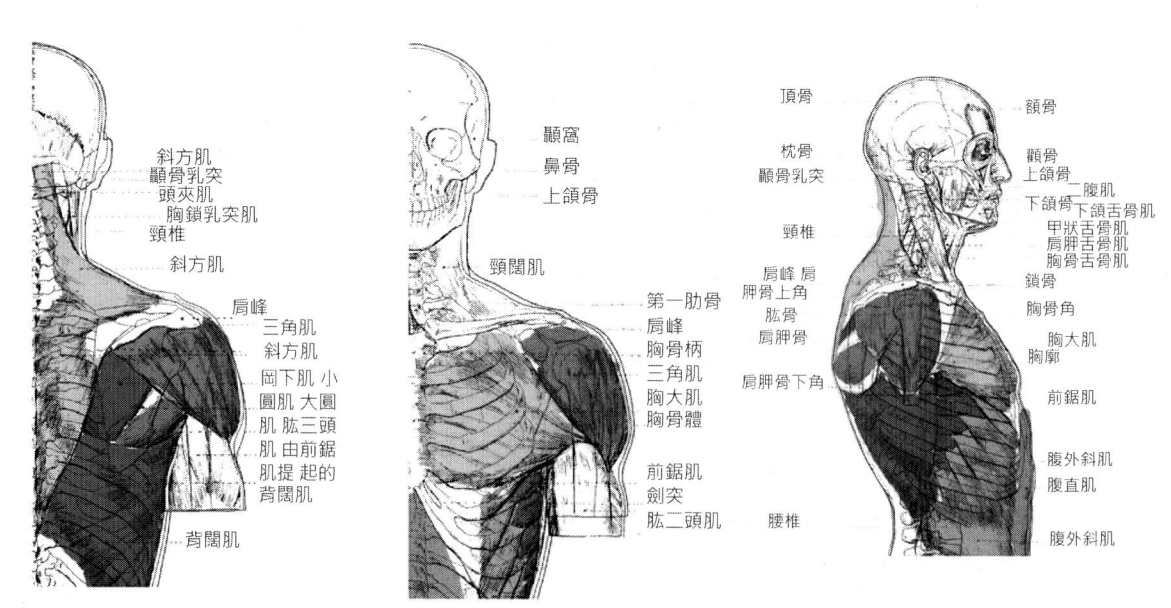

圖 3-9 人體上肢骨骼肌肉結構名稱圖（二）　圖 3-10 人體上肢骨骼肌肉結構名稱圖（三）

在遊戲角色設計中，由於肌肉把形體和動作賦予人體，因此我們必須懂得每一塊重要肌肉的位置和動作，才能全面瞭解人體的形狀。僅僅從表面上描繪肌肉的外形，會使人誤入迷途，因為肌肉並非以固定和連續的界線顯示其外形。要瞭解肌肉的作用並表現它們，我們必須知道在不同的情況下每塊肌肉的位置和形狀。表皮和偶有的皮下脂肪層的掩蓋，在若干程度上模糊了肌肉的分離狀態。肌肉的外形隨著不同動作而改變，這種變化是微妙的，但若確實懂得它們的結構，也就不難知道應探求的是哪些地方。肌肉由可伸縮的纖維構成，它自骨生出，越過一個或更多個關節，聯結著另一塊骨，依槓桿原理而動作。肌肉的活動範圍自生出的一點至末梢的聯結部分，自較固定的一點至可自由活動的部分。肌肉的收縮把活動部分拉向固定部分。（圖3-11～圖3-13）

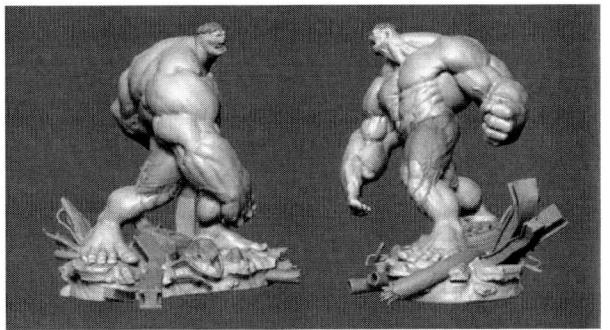

圖3-11 遊戲人物設計中的肌肉表現——綠巨人

圖3-12 遊戲人物肌肉造型練習（一）

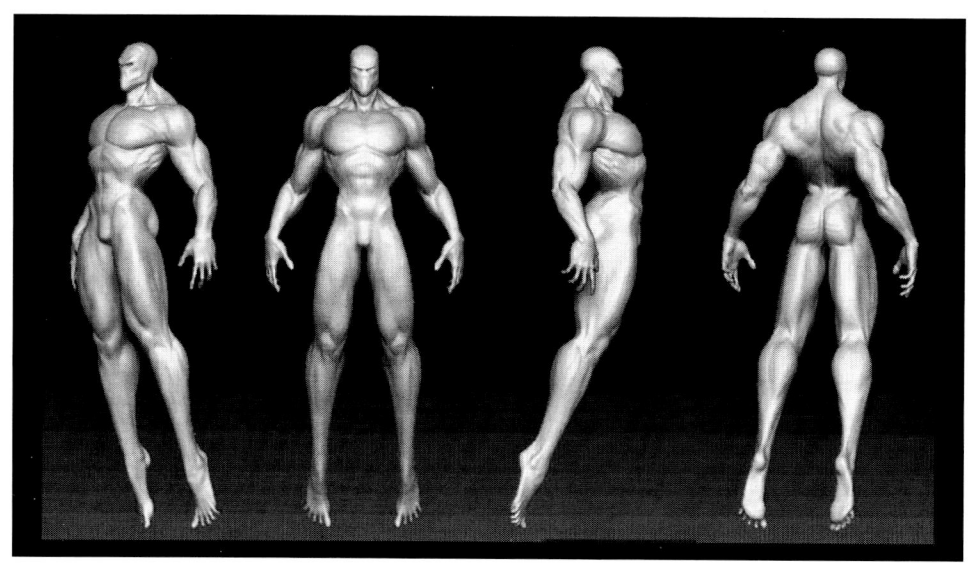

圖 3-13 遊戲人物肌肉造型練習（二）

四、男性與女性身體特徵與形態

男女人體由於生理差異，形成比例上的差別，具有各自不同的特點。男女體形的差別主要體現在軀幹部位。從寬度看：男性肩部寬，骨盆窄；女性肩部窄，骨盆寬。從長度看：男性由於胸部體積大，顯得腰部以上發達；女性由於臀部的寬闊，顯得腰部以下發達。從肩胛骨橫線至腰際再至骨盆帶橫線所形成的兩個梯形看：男性肌肉起伏顯著，脂肪少，肩部寬臀部窄，構成了上大下小的特徵；女性脂肪較多，肌肉起伏不顯著，肩部窄臀部寬，構成了上小下大的特徵。（圖 3-14、圖 3-15）

圖 3-14 女性遊戲角色身體造型練習（一）

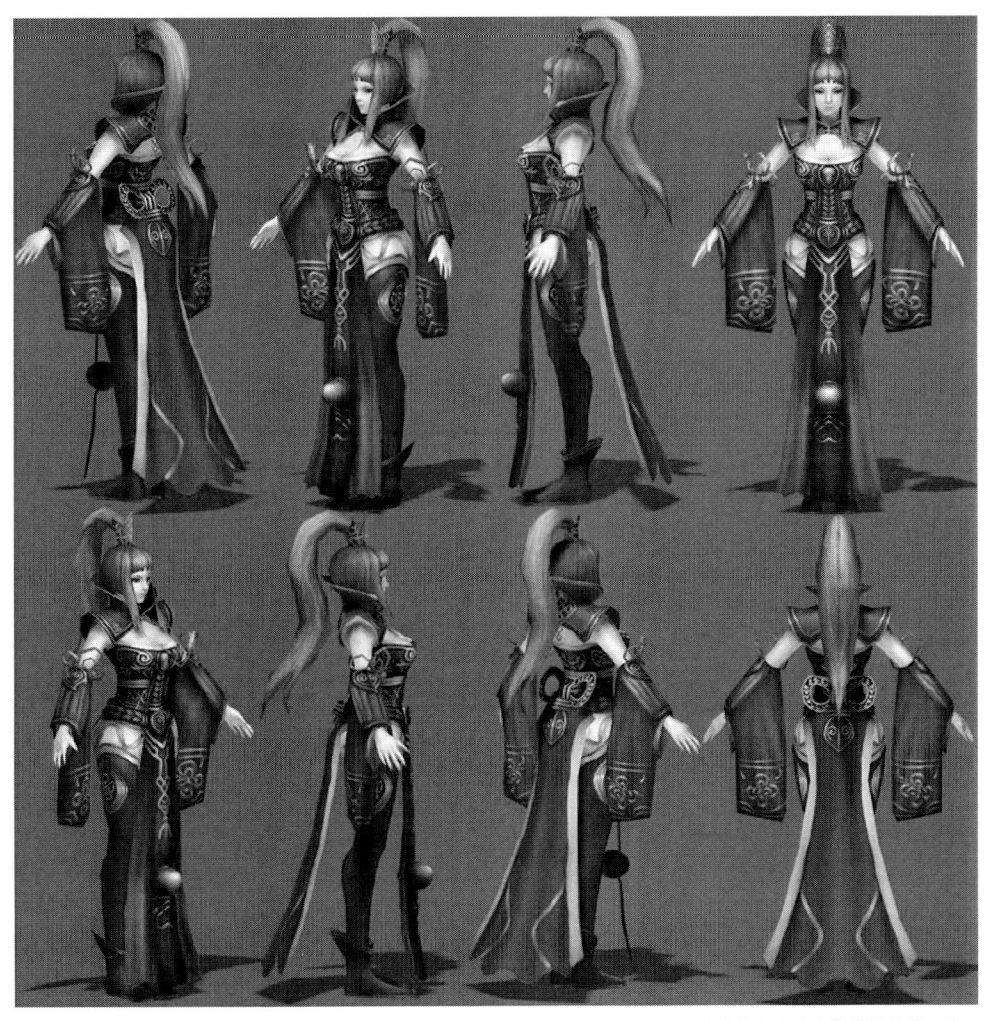

圖3-15 女性遊戲角色身體造型練習(二)

第二節 遊戲角色頭部與面部造型特徵

一、遊戲角色頭部骨骼造型特徵

頭部在遊戲角色設計中是誇張和表現的重點。人類頭部的骨骼分為三個部分，即腦顱骨、面顱骨、內顱骨（即耳內骨和舌骨）。腦顱部分像一個半球體，額頭以下的眼睛和顴骨部近似為一個長方體，上頜骨、嘴、腮部如同一個圓柱體。頭骨由20塊不規則的骨頭巧妙組合而成。影響外形的頭骨主要有兩部分：一部分是腦顱骨，另一部分是面顱骨。形成前額的是長方形的額骨，太陽穴處是碟狀的骨。形成頭骨圓頂的是2塊頂骨，腦後是枕骨。這6塊骨合併成腦顱骨。鋸齒形的接榫使它們牢固地合成1塊，接榫對外形沒有影響，但隨著頭骨的發育而擴大。腦顱骨表面的若干變化對畫家來講至為重要，外蓋的薄肌肉只是使它們的形狀更為顯著。

前額上部有兩塊凸起稱作額結節，在女子頭部頗為明顯，男子則不明顯。眉弓恰位於眼窩內緣的上面，它是男性的典型特徵。兩旁的線區分了頭骨的頂面與側面。顯著的乳突是表面形狀上的另一重要附著物，在耳後一摸便能察覺它，但兒童的乳突不顯著。在掌握頭部的內在骨骼和肌肉結構之後，就可以更好地理解頭部表面的起伏，包括隆起的丘、凹陷的溝和一些結構線。因此，熟悉頭部肌肉結構還有助於三維動畫角色建模。（圖 3-16）

圖 3-16 遊戲人物頭部造型練習

面部的主要骨骼是顴骨、鼻骨、上頜骨。它們像腦顱上的骨一樣，被稱作骨縫的接榫接合在一起。下頜骨形成頦和腮，它和腦顱骨在耳孔處有關節聯結，可做咀嚼動作，這是整個頭骨上唯一可活動的關節。顴骨與頜骨之間隆起著顴弓，顴弓自眼窩底邊的水平線往後生長，它的下緣和下頜骨平行起伏。大而方的眼窩是頭骨上主要的凹穴。鼻骨處的空洞並不成為頭部的特徵，因為它的下半截被突出的鼻軟骨遮蓋著。次要的凹穴位於顴骨和顴弓之下及顴弓之上太陽穴處。

　　頭骨的構成:腦顱骨呈球狀，下部成楔形。它的形狀由四個主要凸出部分決定，即額骨、顴骨、頦骨以及大的眼窩凹穴。上下頜骨連同牙齒在內，形成半個圓柱體。面部比腦顱骨稍長。自頭骨頂至下頜的高度的中線位於眼窩下部，即下眼皮線。頭骨軸線幾乎垂直是人類的特徵。狗、馬甚至人猿等和人體結構近似的動物，其頭骨軸線都接近水準狀。人類有別於動物的另一特徵是腦顱骨非常發達。（圖 3-17）

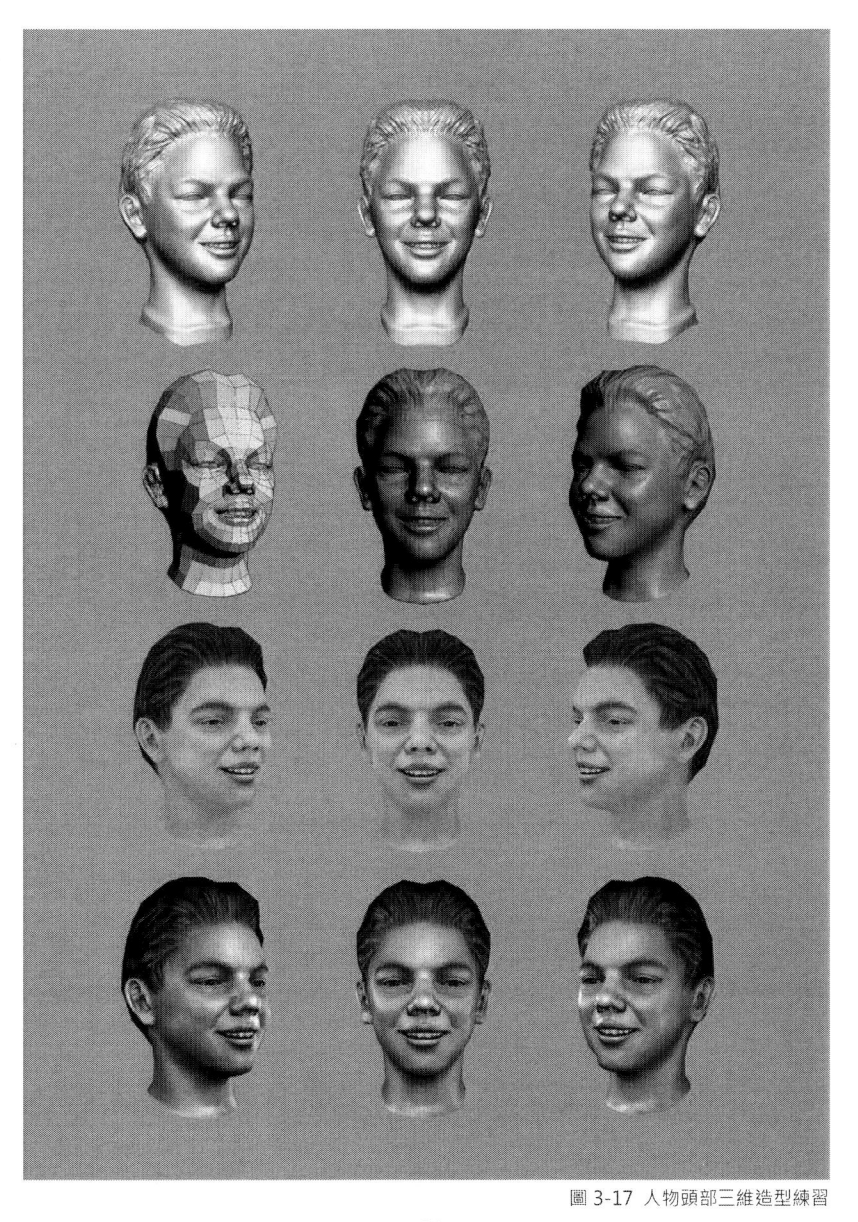

圖 3-17 人物頭部三維造型練習

二、面部肌肉

面部及頸部的肌肉特別需要簡化。由於它們變化多端，形狀詭異，以致最用功的習畫者在表現面部及頸部肌肉時都視其為難題。為了繪畫和表現造型的方便，決定臉形的肌肉群被分成組，咬肌自顴骨至下頜角，控制著寬闊的面頰。它從鼻樑經過臉部斜下至下頜角，形成了眼內眶 45 度輪廓線。顴肌自顴骨前部下斜至嘴週邊的上曲線，嘴周圍的皺痕是顴肌的邊緣。頰肌在嘴角形成了皺痕，並跨越頜部，隱蔽在咬肌之下。因為這塊肌肉藏得較深，形成了顴骨下部中間較低的部位。頦三角肌位於下頦較寬的外側，自嘴角至頜前部。方肌自下唇向頜突處的頦三角肌傾斜，下頦的間縫因此而暴露。顴骨位於顴弓之上，眉弓之側，雖然它由平展的顴肌填充，但它的凹處容得下一個掌面。這塊肌肉的前緣突出了顴線及前額與側平面的交接線。兩種淺層肌構成了咀嚼動作的部分動力，它們能使上下頜閉合，其中之一長在頜骨下處，叫作口輪匝肌。另一種位於頜側，因它的作用而得名為咬肌（張口的肌肉隱蔽於頜、頦之下，故不顯著）。口輪匝肌的纖維沿口線生長，集中於下頜骨的凸出點上，接合處被顴弓遮蔽。咬肌生自顴弓的下部，反斜向下後方，與下頜角相連，包在上面，而使下頜角的形狀發生若干改變。這些頭部的肌肉在咀嚼動作時最易覺察。口一張一閉時，由於頜骨的上下移動而使太陽穴和頜部產生顯著而活動的凸出點。任何吃東西的動作都是觀察這些肌肉作用的很好機會。（圖 3-18、圖 3-19）

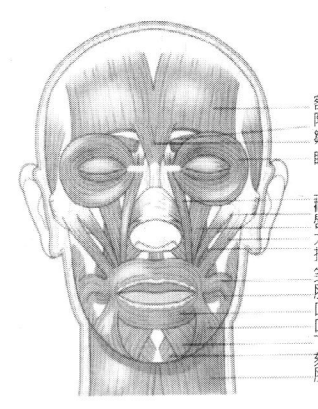

圖 3-18 面部肌肉結構示意圖

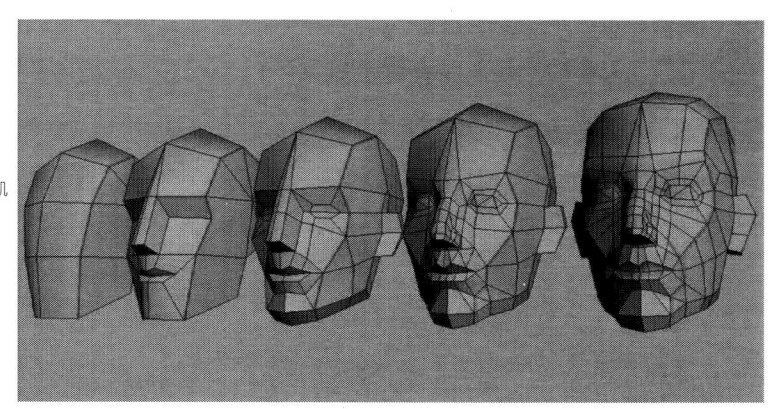

圖 3-19 按照面部肌肉規律製作遊戲角色頭部造型練習

三、面部及五官特徵

從髮際到眉毛，眉毛到鼻底，鼻底到下頜，三部分的長度基本相等。而臉的寬度約等於五個眼長，中國傳統人物畫法稱此為"三庭五眼"。（圖 3-20）

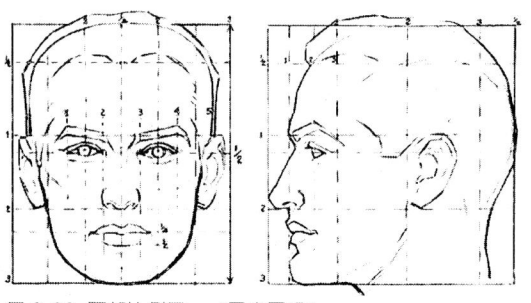

圖 3-20 頭部比例圖—"三庭五眼"

中國古代肖像畫法常用"申、甲、由、國、田、目、風、用"八個字形來描述各種臉型的區別，為便於觀察和記憶，該方法稱作"八格"。（圖 3-21）

圖 3-21 人物臉型特徵規律

遊戲角色的臉形往往要經過幾何化的誇張處理,它的作用大致如下:

1.幾何化的誇張處理,易於突出角色的臉形特徵;

2.幾何化處理,可以起到交代角色類型、個性的作用;

3.幾何化的處理能對遊戲角色的臉形進行自由變形處理,是遊戲這種視覺藝術形式的特殊表現力之所在。(圖 3-22、圖 3-23)

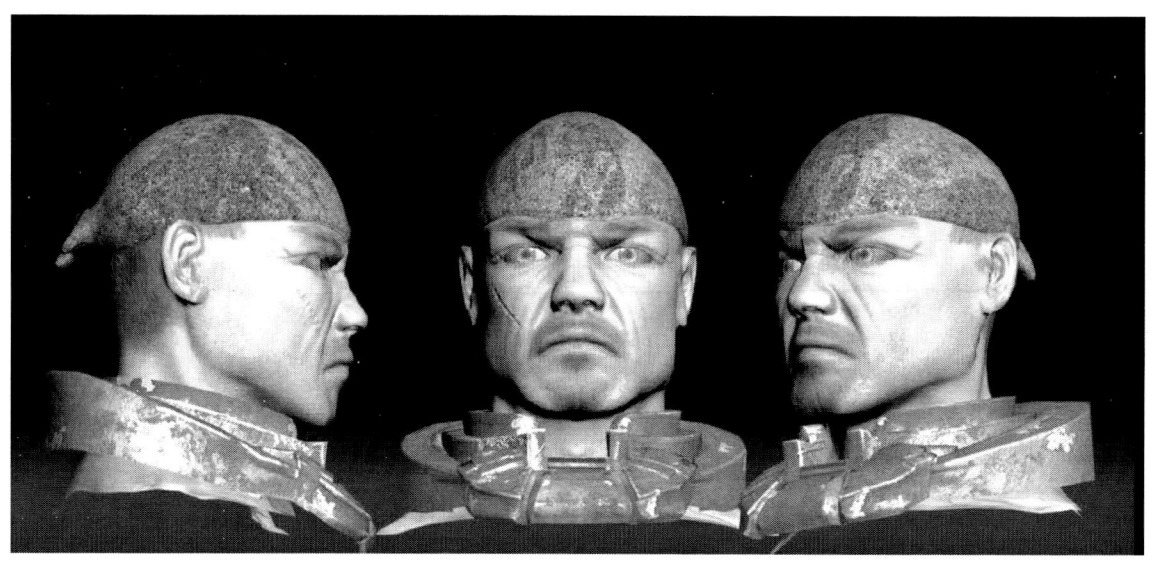

圖 3-22 遊戲角色人物頭部造型練習(一)

圖 3-23 遊戲角色人物頭部造型練習(二)

四、遊戲角色面部五官設計

1. 眼睛

眼睛由眼窩、眼瞼和眼球三個主要部分構成，眼眶的形狀呈斜方形。眼睛在不同角度呈現不同的形態。（圖 3-24）

俗話說"眼睛是心靈的窗戶"，遊戲角色設計中，眼睛造型設計，特別是對眼神神態的把握是角色靈魂的核心。遊戲角色設計師透過對角色不同眼神的塑造，來充分展現角色的性格特徵。（圖 3-25）

圖 3-24 眼睛結構圖

圖 3-25 角色眼神與性格特徵

2.鼻子

鼻子在外形上分為鼻根、鼻樑、鼻脊、鼻翼、鼻孔和鼻尖六個部分。鼻子是臉上唯一的垂直線。鼻子在結構上要分為兩截，上面是骨頭，所以是不變的，下面是會動的軟骨，隨表情變化而變化。鼻翼兩側有兩條肌肉，它的動作可以使鼻翼拉開與收縮。（圖 3-26）

鼻子往往是人們比較容易忽視的面部結構，通常被認為是無關緊要的面部器官。但是事實恰恰相反，一個有特徵的鼻子，會讓角色瞬間變得與眾不同起來，從而可以很快博得觀眾的好感與認可。遊戲角色"壞利歐"就有一個又大又紅的鼻子，十分滑稽可愛。"壞利歐"獨特的鼻子造型設計，為這個遊戲人物增添了無限的趣味性和親切感，使人過目不忘。（圖 3-27）

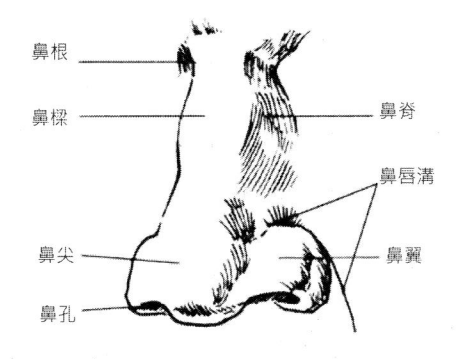

圖 3-26 鼻子結構圖

圖 3-27 "壞利歐"造型設計

3. 嘴

　　嘴的主要外形結構是上下嘴唇。嘴唇外緣有明顯的唇線，畫嘴唇時要注意上唇結節部位的突起。嘴唇的動作與周圍的肌肉相互聯繫，畫嘴要特別注意嘴唇與嘴圈部分的相互關係。嘴唇的動作是由嘴圈的肌肉推動的，所以要強調這種運動的聯繫，在寫實動畫中不要光勾勒一個嘴唇的外形輪廓，而要把相互之間的聯繫揭示出來。（圖 3-28～圖 3-31）

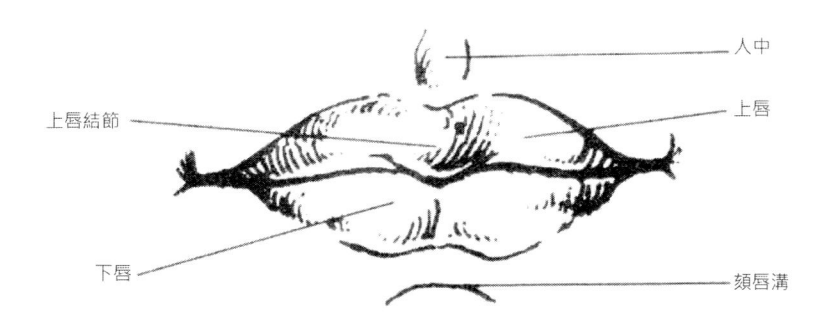

圖 3-28 嘴的結構圖

圖 3-29 標準人物嘴型設計

圖 3-30 科幻人物嘴型設計

圖 3-31 反派人物嘴型設計

4.耳

耳朵包含耳輪和對耳輪兩個主要部分,在動畫中耳朵一般不是重點表現的部位,往往畫得很簡約,有時只保留耳輪、對耳輪和耳屏的輪廓曲線。(圖 3-32)

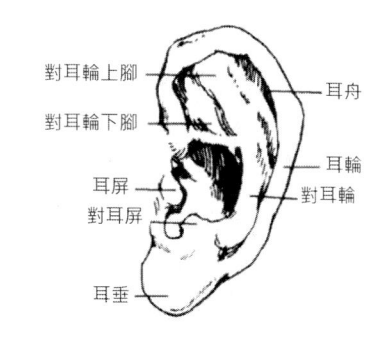

圖 3-32 耳的結構圖

在遊戲角色造型設計中，耳朵是最能突出人物性格特點的面部結構之一。一般而言，正面、英俊的人物角色的耳朵，最接近真實人類的耳朵，沒有太多變化；卡通類、可愛風格的人物角色，一般會將耳朵誇大，向臉部的兩側突出，從而取得幽默、可愛的視覺效果；反面、魔怪人物的耳朵尺寸一般會較小，或接近野獸耳朵的形狀，以突出魔怪嗜血的野性特徵；將耳朵拉長，突出面部其他器官的造型設計，則是精靈角色造型的最佳選擇。（圖 3-33～圖 3-35）

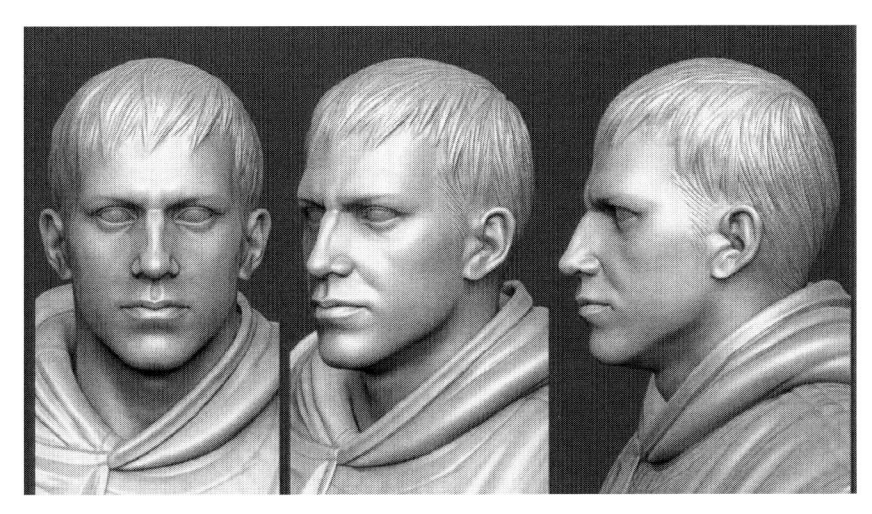

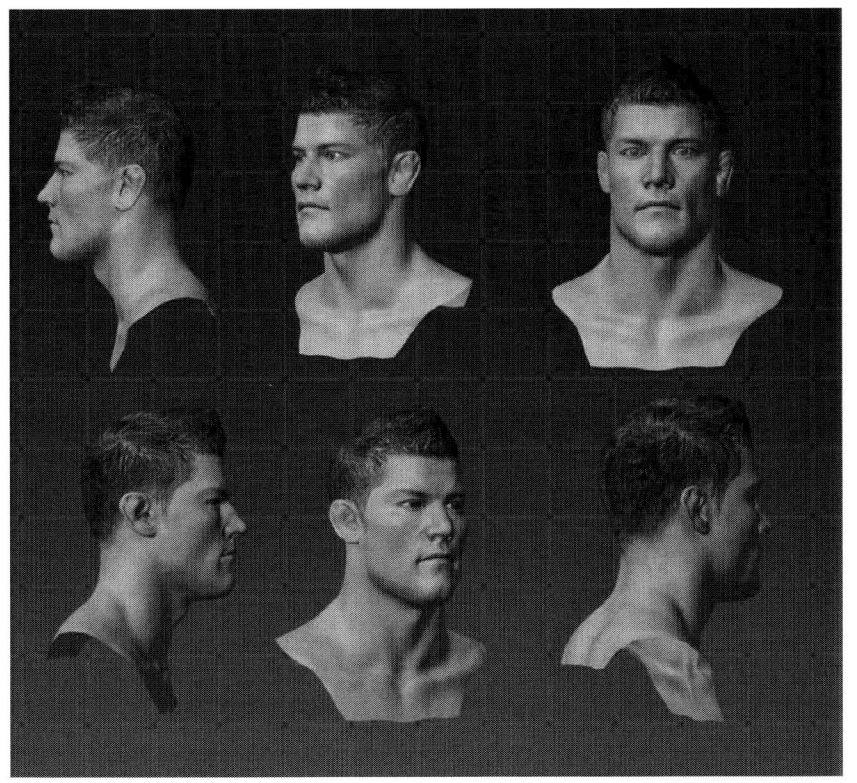

圖 3-33 正面角色人物的耳朵造型設計

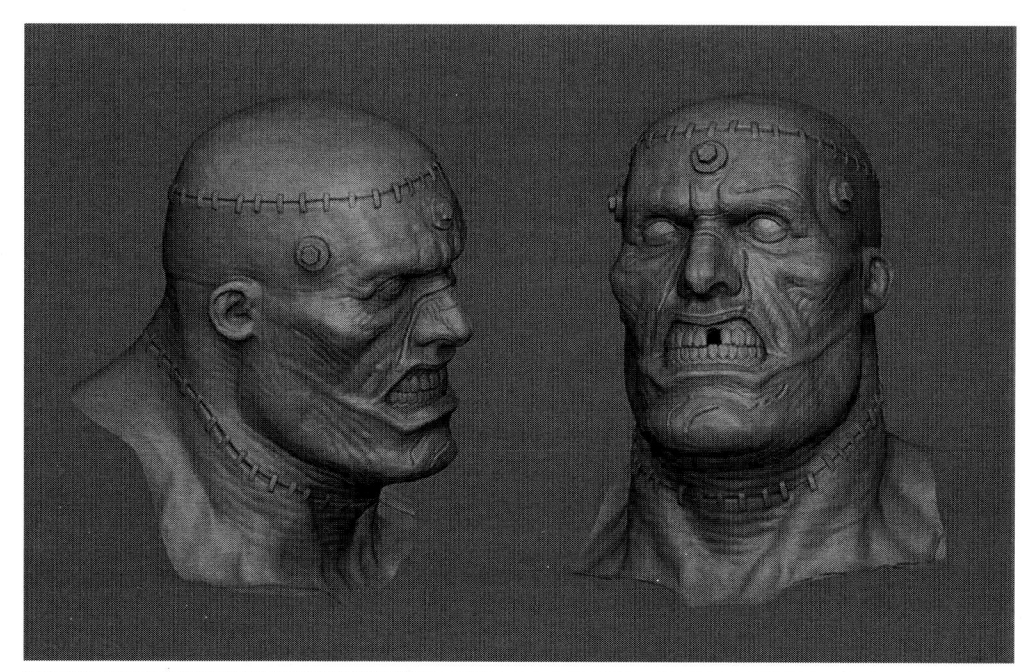

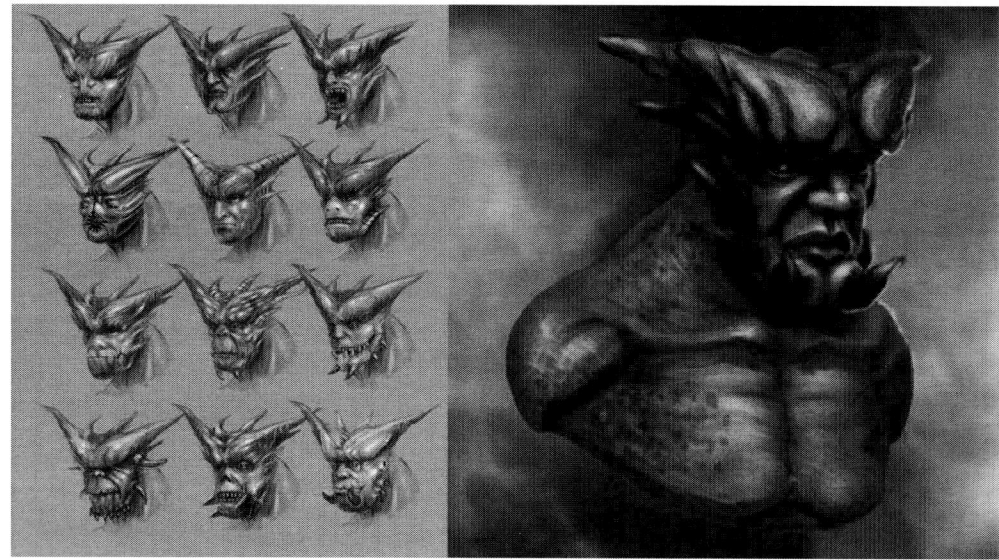

圖 3-34 魔怪人物的耳朵造型設計

圖 3-35 精靈人物的耳朵造型設計

第三節 遊戲角色體型特徵與造型設計

一、遊戲角色體型特徵與分類

人體外形常給觀眾以第一印象,比如苗條、高大、肥胖等。體型變化與人類歷史進化、人種、種族、自然和地理環境、物質文化生活及風俗習慣有關,同時還與遊戲角色性別直接相關。古希臘學者希波克裡特認為人的性格和精神狀態與體型之間有很密切的關係,他把人的氣質類型分為多血質(胸部發達)、淋巴質(四肢發達)、膽汁質(腹部發達)、神經質(腦部發達)四種類型。遊戲角色體型大致分為以下四個類型。

1.無力型(細長型):胸部扁平、溜肩、身體細瘦、腸胃弱、營養不良、能量少。(圖3-36、圖3-37)

圖3-36 "無力型"遊戲角色造型設計(一)

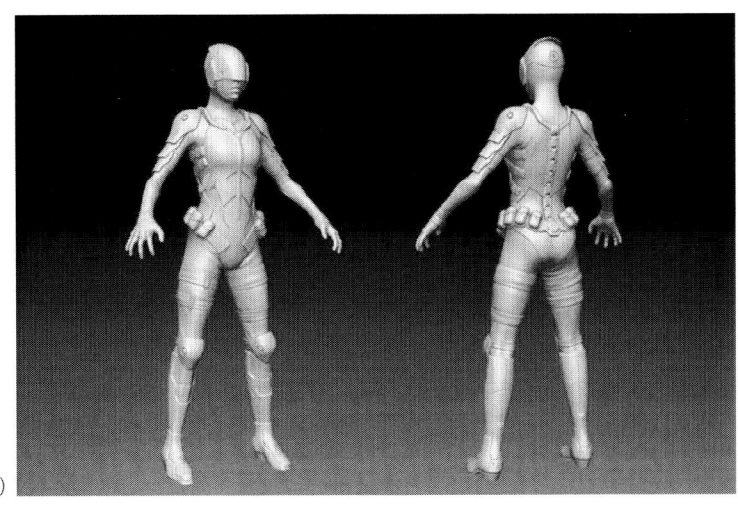

圖3-37 "無力型"遊戲角色造型設計(二)

2.肥胖型：脖子粗、胸寬體厚、肚子大、軀幹短而胖、食慾旺盛、能量足。（圖 3-38～圖 3-40）

圖 3-38 "肥胖型"遊戲角色造型設計（一）

圖 3-39 "肥胖型"遊戲角色造型設計（二）

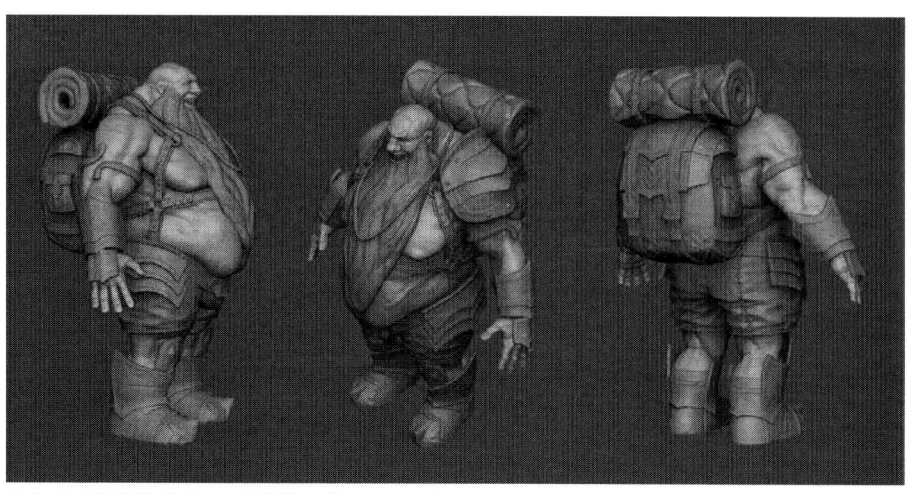

圖 3-40 "肥胖型"遊戲角色造型設計（三）

3.運動型（鬥士型）：介於前兩者之間，有強健的肌肉和骨骼，胸部寬大、手足大。（圖 3-41~圖 3-43）

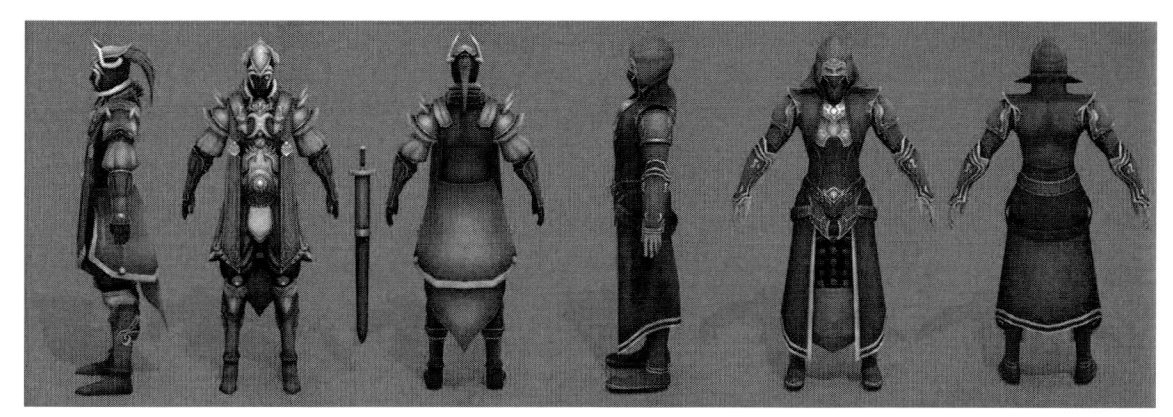

圖 3-41 "運動型" 遊戲角色造型設計（一）

圖 3-42 "運動型" 遊戲角色造型設計（二）

圖 3-43 "運動型" 遊戲角色造型設計（三）

4.頭腦型：體弱細瘦、頭大，屬神經質型。（圖3-44、圖3-45）

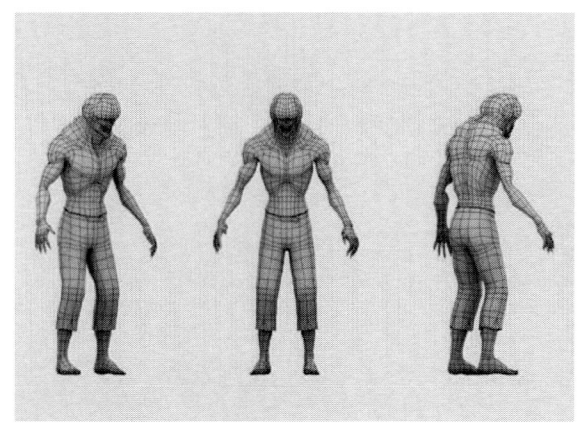

圖3-44 "頭腦型"遊戲角色造型設計（一）　　　　圖3-45 "頭腦型"遊戲角色造型設計（二）

二、性別差異體型的區別造型設計

男性人體的誇張部位是肩部的寬厚感、四肢的長度、肌肉的發達程度。在誇張四肢時，應該在拉長的基礎上，適當地強調各部位的肌肉形態。（圖3-46）

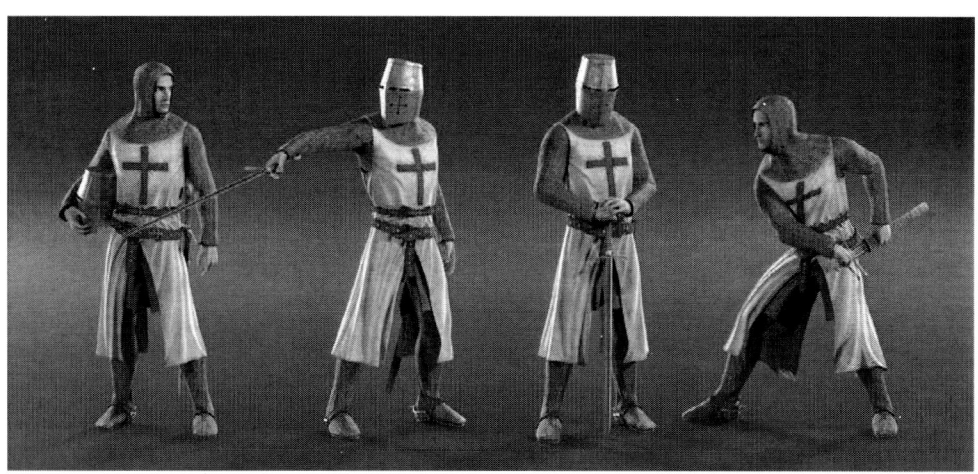

圖3-46 男性角色造型設計

女性人體的主要誇張部位是腰、胸、臀部的曲線，頸部及四肢的長度。在誇張的過程中要注意輪廓曲線的力度，曲線暗示了骨骼、肌肉等人體內在結構的存在。脊柱線是人體運動時的主要動態線。脊柱線的變化決定了人體各部分的位置，並使它們相互協調、具有節奏感。（圖 3-47）

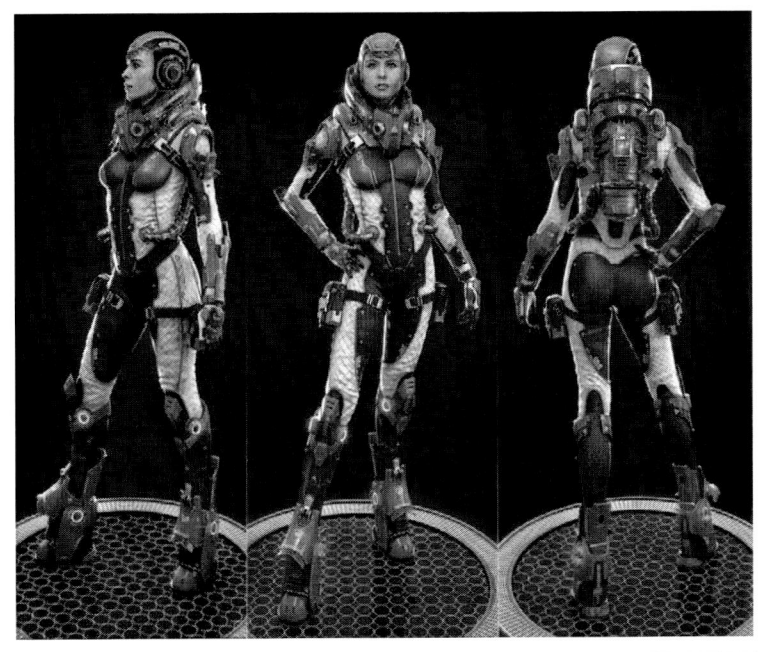

圖 3-47 女性角色造型設計

此外，還要留意對兒童形象的觀察與研究,比如他們的體形、手、腳、形態、頭與身體的比例等方面。兒童是動畫中最常出現的人的年齡段,嬰兒的頭部與全身的長度及軀幹的寬度比最大，隨著年齡增長而逐漸縮小。在兒童的發育過程中，下肢占身高的比重越來越大。嬰兒頭部的"上庭"占整個頭高的比例最大，隨著年齡的增長，"上庭""中庭""下庭"逐漸各占頭高的 1/3。（圖 3-48、圖 3-49）

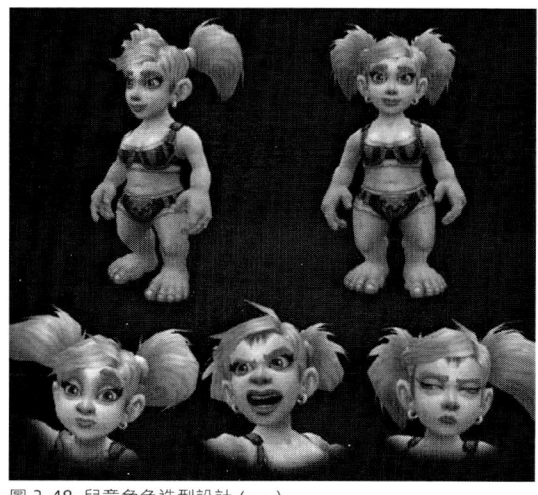

圖 3-48 兒童角色造型設計（一）　　　　圖 3-49 兒童角色造型設計（二）

本章小結：肢體語言與面部表情不但能塑造個體形象，也能體現性格。本章細化了對角色肢體解剖、面部表情等知識的講解,這對於塑造角色的直觀形象是很重要的。對遊戲角色的形體特徵分析充分地表現了遊戲角色造型的特點，應認真學習。

思考與練習

1. 要求能熟練地說出人體軀幹與四肢主要骨骼與肌肉的名稱和部位。
2. 畫一組不同年齡或職業的遊戲角色的手的造型，並依據其年齡與職業特點進行概括和誇張變形。

第四章
遊戲角色設計及塑造要素分析

主要內容： 本章是全書的主要章節，在掌握素描、形體結構等基礎知識的前提下，進一步學習遊戲角色造型塑造的專業知識，例如：頭與身體的比例、轉面、表情、口型、服裝、道具等。文章透過對比與分析來學習遊戲角色設計的模式特點與商業目的，更好地為遊戲角色設計打下基礎。

本章重點： 著重掌握不同的造型角色頭與身體比例的表現特點，以及加強對角色轉面的空間感覺訓練。

本章目標： 學習動畫角色造型基本的設計與表現技法，從表情、頭身比例、服裝等方面整體把握角色外部基本形態塑造。

第一節 遊戲角色設計的方法與手段

一、遊戲角色的定義

所謂"角色"，傳統的解釋是：演員在戲劇中所扮演的人物；小說或戲劇中的人物；故事影片中由演員扮演的人物，一般分為主要角色(簡稱主角)、次要角色(配角)和群眾角色等。作品中的"角色"，是指漫畫、小說、戲劇或電影等著作中虛構的人物、動物或者其他生物，乃至於機器人。通常來講，這類角色的首要特徵是虛擬性和獨創性，其不同於現實生活中體現具體社會關係的真實人物。

這些定義都是基於傳統的藝術形式而言的。那麼，相對於遊戲，什麼樣的角色才算是"經典"？它的衡量標準應該是從玩家或者受眾的角度來制訂的。一個既受歡迎又能帶動衍生產品的開發和銷售的遊戲應該具備以下審美要素：

1. 遊戲情節生動；
2. 遊戲角色個性鮮明；
3. 有高辨識度，如獨特的外貌形象；
4. 具有深刻的文化內涵，如人情味、幽默感、社會問題的體現和社會影響力等；
5. 遊戲角色技術動作自然流暢，如無操作上的生澀感或停滯感等。 由此，我們可以看出，無論是電子遊戲還是別的藝術形式，在談論角色的時候，我們必須要涉

及角色身份的設定、造型、與角色相關的劇情背景等。也就是說，所有的角色都會涉及外形、性格、技術動作這三個層面。

二、利用五官表情塑造遊戲角色形象

1. 遊戲角色面部五官設計

這裡討論的遊戲角色五官，指的是異化的、誇張的角色設計的五官。科幻類、魔幻類、益智類遊戲的角色，其造型通常是誇張的、異化的。當然，其面部表情也會呈現不同程度的變化。

創作魔幻類遊戲角色時，遊戲設計者通常會將人的面部特徵與動物或者其他生物結合起來，塑造出奇異的造型，帶給玩家強烈的視覺感受；或者保持人物的面部五官，但故意誇大面部某個部位，形成既熟悉又陌生的怪異感。比如《魔獸世界》中艾瑞達人的造型，從他們的整體造型可以看出，它基本保持人的形體，只是加入了尾巴、動物形態盔甲等元素，從其面部造型可以明顯看出他們是借助了豹子的面部形態。（圖4-1）

　　遊戲角色造型要求特色鮮明，且遊戲角色的面部造型是設計重點。遊戲角色頭部造型，既要保持同一遊戲角色造型上的風格一致，同時，設計者又會在面部進行不同的無關異化，造成各種族之間的差異。

　　益智類遊戲的角色通常強調五官的滑稽感和可愛感，線條使用比較簡單，多採用圓形結構。比如《超級瑪利歐》中人物的圓鼻頭，PSP遊戲《王國之心》和《魔界戰記》中的人物造型。（圖4-2）

　　可見，在遊戲角色造型設計中，五官及表情刻畫是很重要的一環。這有利於在局部表現出角色間的差別，又不會打亂遊戲設計的統一性。

圖4-1《魔獸世界》

圖 4-2《魔界戰記》

2. 遊戲角色面部裝飾設計

要想塑造多變的遊戲角色形象，除了利用已瞭解的解剖知識和想像力創造出人物角色外，對角色進行面部裝飾也是有效的辦法。透過遊戲角色頭部、面部、頸部的文身和刺青，髮型、髮色，加上耳環、鼻環、眼罩等小道具的變換，同樣的造型會展現姿態各異的風格。（圖 4-3）

圖 4-3 角色面部裝飾設計

三、利用身體形態塑造遊戲角色形象

一部戲需要什麼樣的演員,需要導演細心挑選;一部遊戲中需要什麼樣的角色,更需要作者潛心創作。人物設定在作品中不是單獨完成的,往往會配合場景設定、道具設定一起完成。

遊戲角色的身體狀態不是作者心中臆想,而是根據現實生活中人的高、矮、胖、瘦帶給人的潛意識影響,把具有標誌性的性格因素和形體特徵放置進角色的創造中,從而產生各種不同特點的遊戲人物角色。(表 4-1)

表 4- 不同身體狀態下所對應的不同特點的遊戲人物角色

	褒	貶
高	可以依靠,有責任感	實質虛弱,邪惡陰險
矮	機智靈活,思路敏捷	陰險狡詐,令人恐懼
胖	性格溫和,脾氣好	力量或能力巨大,不靈活
瘦	動作迅速,速度快,攻擊力強	計謀多,固執,較脆弱
強	四肢力量發達,作為整個團隊支撐	邪惡力量中的力量
弱	作為受保護或憐愛的對象	善於利用法術或技能
正常	性格不斷成熟、豐富	在正邪中搖擺不定
病態	性格上有堅持	性格上有偏執

值得特別說明的是,除了相貌和體型外,豐富的手部動作設計也能反映人物的力量、性格和意圖。儘管手是人體局部特徵,但對於它的設計和表現是不可忽視的。如遊戲角色司馬懿,其手部設計凸顯了他性格中的陰險狡詐。(圖 4-4)

圖 4-4 遊戲角色司馬懿

四、利用服飾塑造遊戲角色形象

在遊戲角色設定中,服飾的設計承擔著表現人物性格、體現人物社會屬性、區分人物派別以及美化人物造型、第一時間吸引玩家眼球的重大任務。遊戲角色的服飾設定應最大限度地體現遊戲設計的構思,滿足玩家的需要。這個過程本身就是遊戲角色設計中不可或缺的環節。

1. 服飾對遊戲角色設計的作用

(1)滿足玩家對服飾美的追求 人類對美的追求是沒有極限的。遊戲服飾的發展中最明顯的就是裝飾性服裝的出現,這種沒有附加攻擊或者防禦屬性的服裝,在遊戲中的唯一作用就是美化遊戲中的角色形象。裝飾性服裝的出現和迅速發展,體現了人們對服飾美的自然追求,比如《三國無雙》中的人物服裝設定。(圖4-5)

圖 4-5《三國無雙》人物服裝設定

(2)遊戲角色服飾是角色扮演類遊戲中的功能道具

在角色扮演類遊戲中,遊戲角色服飾的變化是玩家在遊戲中不斷升級的功能道具。從低等級向高等級不斷升級的過程中,角色的防禦、進攻能力隨著服裝配備的屬性變化而不斷提升,這也是早期玩家拼命追求更高級服飾裝備的主要動機。

(3)遊戲角色服飾是遊戲虛擬社會形態的反映 玩家在遊戲中挑選角色的服飾不僅僅是為了華麗的視覺效果,遊戲中不同時代的服裝特徵,以及不同風格、款式的服裝更可以給玩家一種虛擬的替代體驗,使玩家產生一種滿足感。不同類型、風格的遊戲往往虛設了不同的種族、不同的職業崗位,在遊戲體驗中自由地選擇自己的職業、種族,挑選相配套的服飾將強化玩家在虛擬的遊戲社會中的真實感。比如《泰坦戰爭》中的虛擬職業設定以及相對應的服裝,給玩家帶來了豐富的遊戲體驗。(圖4-6)

圖 4-6《泰坦戰爭》中不同職業的角色服飾

（4）遊戲角色服飾是玩家表現個性、情感的媒介

服飾是人類情感的集中體現之一。在遊戲作品中，人物服飾的情感設計往往更能夠吸引玩家產生共鳴。因為人們會由於所處成長環境不同而形成不同性格，這些性格的區別可以鮮明地反映在每個人的服飾特點上。在角色扮演類遊戲中，每個主角的不同成長背景、性格定位都會透過他的服飾的材質、色彩來體現。

不同成長經歷、年齡段的人群對於服飾的選擇會有很大的不同。這種基於個人興趣的審美情趣在休閒類遊戲的服飾搭配選擇與色彩組合中尤為明顯。各種各樣的服裝混搭方式因玩家遊戲時的心情、興趣而組合在一起，由此來表達玩家的性格趨向。（圖 4-7）

2. 遊戲角色服裝的特點

在一款遊戲的角色設計中，如果選擇的種族是人類，那麼他的服裝應具有人類服裝的共同特點。遊戲角色服裝的款式、色彩、質地、飾物都是造型的重要構成因素，加上角色的相貌與身材，可充分反映出角色的身份、年齡、職業、習慣、情趣、民族風貌和時代氛圍。其中服裝飾物與空間環境色調氣氛協調統一，更能表現造型的美感。（圖 4-8）

首先，遊戲角色的服裝要適合角色的性格情感特徵。人物即便是臆造出來的，也有其階級和社會屬性，而服裝造型的階級和社會因素，恰是人物不同屬性的直接體現。二者融合既能體現遊戲主角的表像內容，又能透射出人物心靈深處的內在情感。

圖 4-7《卓越之劍》角色服裝設計

圖 4-8 Aion 角色服裝設計

其次，日常的服裝不會成為畫面中的要素。只有同情節發展中的人物變化有機結合，形成著裝系列和服裝造型節奏，才能構成造型語言。

最後，遊戲服飾色彩必須融合人物與觀者的情感，使二者產生共鳴。色彩本身的含義和力量與服裝款式、飾物融合，可從本質上刻畫人物。由此可見，用色彩來表現主角內心情感變化的程度也會加深。

3. 遊戲角色服裝的設計

大部分遊戲角色的服裝與日常人物的實用性穿著有很大差異。遊戲角色的服裝強調的是想像力與豔麗的色彩，且更富有戲劇性。進行角色服裝設計的時候應當注意以下兩點創作規律。

（1）動態的設計創作思維 由於情節中的時空轉換與變化，遊戲角色一刻不停地運動著。角色與角色之間、角色與背景之間不斷變動，服裝樣式與色彩也會變化，這樣才能多角度、多側面、多層含義地塑造角色。（圖4-9）

（2）個性特徵是遊戲角色服裝設計的首要依據 為遊戲角色設計服裝時，要注意配合角色的特定身份，結合年齡、性別、職業、時代、種族、興趣愛好突出人物個性特徵。（圖4-10）

圖4-9《仙劍奇俠傳》角色設計

圖4-10《冰火戰歌》角色設計

五、利用道具塑造遊戲角色形象

1. 遊戲角色的隨身道具

遊戲角色不可能除了一套衣服外,就靠背景生活。每個角色都有隨身的或在其周圍的一些小道具,通常隨身道具能代表角色的性格和情感特點。

(1) 隨身道具的特點

比起場景中其他道具,隨身道具能更生動、真實、直觀地反映角色的性格和特點,一般具有三方面的明顯特點:件數相對較少,有著濃郁的個性,具有實用價值和美學特質。(圖4-11)

圖4-11《暗黑》遊戲角色與道具

(2) 隨身道具的分類

隨身道具按質地材料大致可分為金屬類(刀、槍、劍、匕首、金幣等)、布綢類(旗、斗篷、背包、頭巾等)、紙類(字稿、書畫、信箋等)、藥品類(藥丸、藥瓶、藥箱等)、瓷玉類(玉佩、玉雕、瓷瓶、瓷壺等)、囊皮革類(皮帶、皮靴、錢包等)、食品類(飯、菜、水果、炒麵等)、文具類(棋、古玩、筆、墨等)、玻璃類(鏡子、水晶球等)、電子類(手機、對講機、引爆裝置等)。需要提到的是,這個時候動物也可以變成人物身邊的道具,所以動物也是隨身道具。(圖4-12)

(3) 隨身道具的設計與繪製 道具與遊戲角色往往在情節中先後或同時出場。隨身道具在遊戲設定中不僅僅只是普通道具,而且講述著人物的興趣、風格、偏愛、理想,描繪著他們的心理活動。一般說來,其設計依據可以概括為:情節的水到渠成、人物的個性特徵、設計者的造型風格、整個框架氛圍的總體意圖、主角的客觀需要。

圖 4-12《刀魂》角色與道具

繪畫表現需注意：要符合角色的氣質和生活需要的特點和規律，要有強烈的時代感、歷史感、民族特徵和地域特色，符合劇情發展需要，能激發矛盾衝突，在透視、材質以及虛實度上能把握整體風格。（圖 4-13）

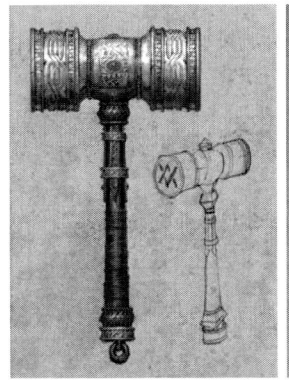

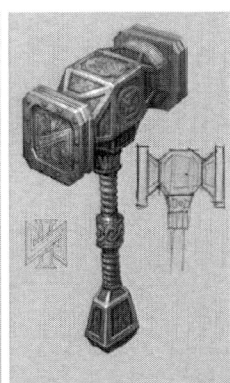

圖 4-13《戰錘》道具設計

2.遊戲武器設定

在遊戲設計者手中，戰爭和武鬥比起人類現實社會揮之不去的陰影更加充滿悲傷和魄力。而武器作為戰爭和武鬥不可或缺的道具，在遊戲中出現的頻率是非常高的。從遠古的石器時代到充滿神、法術的魔幻紀元，再到充斥先進高科技武器的現代，其中角色所使用的武器涵蓋了人們一切所能想像得到以及想像不到的形態，從石刀、石斧、木棒、鐵杆、大盾到長矛槍炮、魔法咒符等所有可能範圍。

在《戰爭機器》這種類型的戰爭遊戲中，槍械設定直接影響到遊戲的暢快程度和操作感覺，甚至可以說是決定這款遊戲成敗的關鍵因素之一。（圖4-14）

武器設定之於遊戲，其地位舉足輕重。從遊戲中的武器設定來看，有兩種設計傾向：原裝態和組合態。

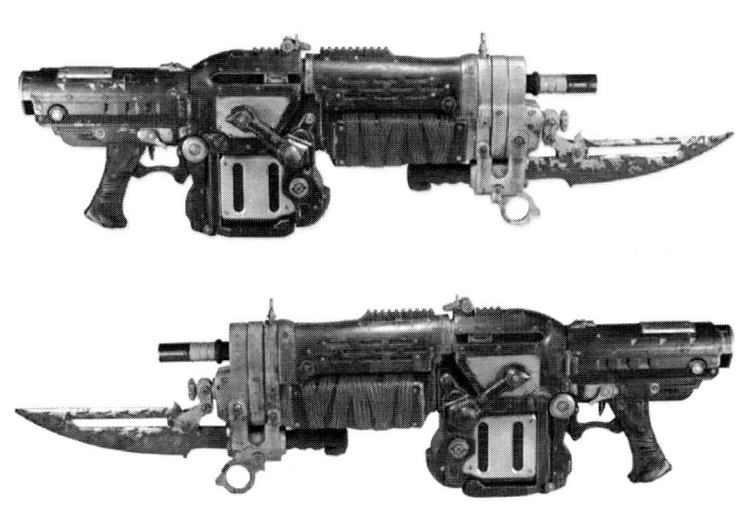

圖 4-14《戰爭機器》道具設計

（1）原裝態

遊戲故事背景一般設定在現代或未來。遊戲中的武器會利用現實社會中真實武器的對應形態以寫實的風格進行設計，比如依據槍械型號、來歷特色等。這一形態的武器設定，概括來說具有以下特點。

①在武器具備的原始功能上擴展其他功能。比如《戰爭機器》中的新武器"毒氣手雷"。毒氣手雷爆炸後會產生毒霧殺死在其覆蓋範圍內的敵人，也可以粘在敵人身上讓他慢慢死去。太靠近沾了毒霧的人，也會受到傷害。（圖4-15）

②從視覺上加強武器的使用效果。比如《戰爭機器 2》中的新武器"火焰噴射器"，它會在遊戲中呈現出真實且強大的火焰效果。

③先進武器的設計理念。如《光暈》中的 M90 Shotgun，此款武器的設定是貼身戰之王，能一次擊倒任何類型的敵人個體，並能一次消滅 Spartan-Ⅱ隊員，將其能量盔甲完全擊潰。這在非爆破系武器裡是唯一的，並且此槍附帶照明燈。

（2）組合態

在遊戲創作中，這類設定雖然也能精確描繪所用槍械武器，但它放棄了像軍械師畫設計圖般的風格，而是把許多似是而非的槍支構造自由組合，再加上許多設計者的個人愛好，成為完全獨立設計的另一種型號。這種類型的武器設定與常規武器相比，常表現出出人意料的差異，前者更突出設計感以及武器的魄力。大致有以下幾類。

①根據武器的歸屬部別(某種族或部隊)特點進行設計，並提升武器殺傷力。比如《魔獸爭霸3》中的"來福槍"（Long Rifle)。

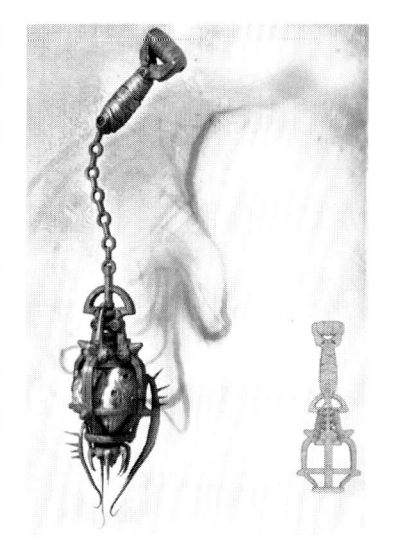

圖 4-15 毒氣手雷

它是地精和鐵爐矮人的基本武器，是小型火器之王。來福槍幾乎和矮人一樣高，而且精度極高，神槍手可以用它擊中半裡外目標頭上的蘋果。同時，它的高精度也可以用來阻擊空中部隊。《魔獸爭霸3》中矮人就是使用這種武器打擊對方空中部隊。又如"牛頭人戰戟"（Tauren Halberd)，它是《魔獸爭霸3》中牛頭人酋長的武器，攻擊範圍廣。牛頭人基本武器是帶有斧刃和尖刺的牛頭人傳統武器，威力巨大，對衝鋒敵人可以造成雙倍傷害令人敬而遠之。戰戟後的倒鉤可以用來絆倒敵人。（圖 4-16、圖 4-17）

②武器功能的"多重合一"。比如《魔獸爭霸3》中的"地精軍刀"（Goblin Army knife）設計。這款軍刀看起來既不美觀也不能用來防身，但是它卻是地精們必備的工具。它可以用來挖戰壕、鋸木頭、釘釘子、打火、模仿3種不同的聲音、為武器上光打油、縫衣服，內藏25米可承受約45千克重量拉扯的高強度蛛絲繩。蛛絲繩拉長可以變成魚竿，全部展開還可以形成一個單人野營帳篷。而這把軍刀僅僅1.8公斤重。（圖 4-18）

③武器與角色手臂的結合設計。比如《魔獸爭霸》中的"獸人攻擊之爪"（Orcish Claws of Attack）設計。它是獸人薩滿祭司使用的武器，在攻擊敵人的同時還可以給腕部提供保護。

圖 4-16 來福槍　　　　　圖 4-17 牛頭人戰戟　　　　　圖 4-18 地精軍刀

六、利用心理暗示塑造遊戲角色形象

心理暗示的基本定義為：用含蓄、間接的方式，對別人的心理和行為產生影響。暗示作用往往會使別人不自覺地按照一定的方式行動，或者不加批判地接受一定的意見或信念。心理暗示在角色塑造上運用最廣的是恐怖遊戲。

恐怖遊戲最重要的便是如何營造恐怖氣氛，這也是恐怖遊戲能夠吸引眾多玩家的魅力所在。作為超越現實的恐怖遊戲，遊戲人物即角色也有了豐富的內容。根據故事背景和劇情的需要，主角和配角的設計與運用顯得十分重要。

1. 主角

恐怖遊戲中的虛擬世界通常是與現實世界結合在一起的，例如《寂靜嶺》《惡靈古堡》等都選擇生活中的普通人作為主角。他們通常都是日常生活中最不起眼的人，雀斑、蒼白的膚色、蓬亂的頭髮，稍顯神經質、營養不良。這些普通的名字、普通的容貌、普通的身世與身處現實世界的玩家之間幾乎沒有距離。據著名的奧地利心理學家阿德勒解釋："每個人都有先天的生理或心理欠缺，這就決定了每個人的潛意識中都有自卑感存在，從本質上來說就是生存的能力不足(精神的生存能力)。"遊戲主角除了與玩家一樣普通，也兼具玩家的自卑感。（圖4-19、圖4-20）

2. 配角

遊戲中的配角多以醜化或妖魔化的形象出現。遊戲中你會發現自己擁抱的往往是身體腐壞的女屍，掏出的手機上爬滿白色的蛆蟲或看到的是因驚嚇而扭曲的臉。如《惡靈古堡》中的怪獸，巨大的體型能把人整個吞噬，怪獸特有的頭形及毒牙也會讓人產生驚恐和焦慮感。這反映了歐式恐怖遊戲中出現的多數是身軀龐大、猙獰血腥的怪物，多結合動植物和人的特點設計。（圖4-21）

圖4-19《惡靈古堡》中的主角"里昂" 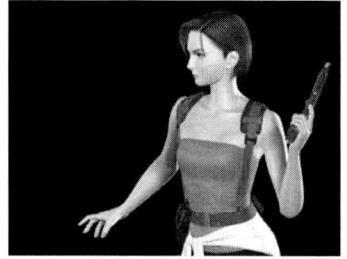　　圖4-20《惡靈古堡》中的主角"克蕾兒" 　　圖4-21《惡靈古堡》中的中怪獸

第二節 遊戲角色塑造要素分析

一、遊戲劇情要素

遊戲角色造型必須符合劇情(遊戲)背景及風格的設定。無論是電子遊戲還是傳統戲劇形式,好的遊戲角色塑造在造型上必須與整體的文本風格保持一致,從外形、服裝乃至生理的特點都要切合腳本對角色的設定,也就是遊戲角色必須符合其本身的社會性。（圖4-22）

遊戲角色性格的設定與腳本及劇情的發展相互影響。遊戲角色的性格要符合劇情,而劇情的走向也是角色性格的產物。這是劇本的基本要求,過於脫離邏輯的劇情和角色性格會損失真實感而使受眾對劇情沒有足夠的沉浸感,進而不能很好地參與情節的發展。（圖4-23）

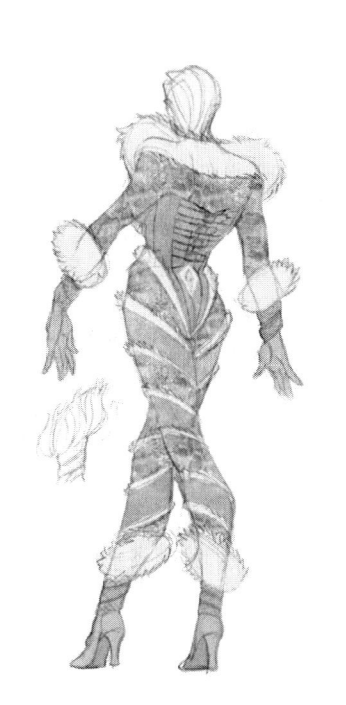

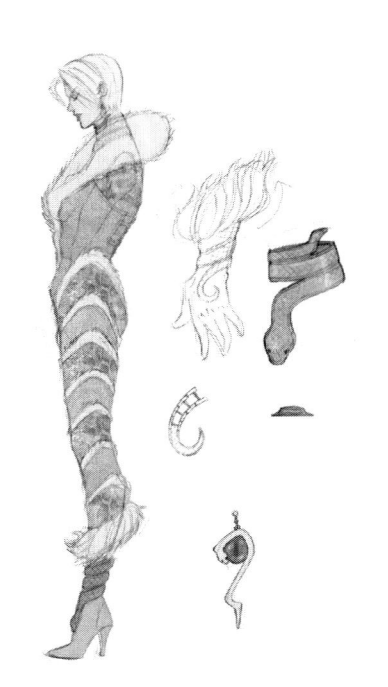

圖4-22《靈魂能力》遊戲角色造型設計

圖 4-23《惡魔城》遊戲角色設定

二、商業目的要素

1. 遊戲角色必須基於商業目的進行設計

遊戲的目的就是娛樂。無論是哪種類型的心理感受，能夠使玩家產生心理快感就是遊戲的終極目標。因此,遊戲從一開始就不會來宣揚過於沉重的社會倫理道德。遊戲就是娛樂的，就是大眾的，其角色的設定需符合普世價值的觀念，以獲取最大範圍的認同。借用亞伯拉罕·馬斯洛關於需求層次的理論，一個完整的角色塑造包含有五個層次：

(1) 內心(個人的)；

(2) 內心(與他人的)；

(3) 團隊；

(4) 團體；

(5) 人性。

遊戲角色的塑造在各個層面上都不會偏離主流的價值取向,即便是反派角色,也會遵循固有套路進行發展。最終的目的是宣揚合乎主流價值取向的觀念,否則遊戲就會失去其商業價值的基礎。因此,電子遊戲在文本層面和角色塑造上並不具備批評性，而是徹底的商業化產物。

2. 遊戲角色的塑造依據遊戲類型而符號化

電子遊戲的商業化定位十分明確,其分類非常細化,相應的客戶群也很固定,因而對應的遊戲角色塑造也具有類型化的特點。簡言之,就是英雄看上去就是英雄,具有英雄的生理特徵和心理特徵,否則將無法完成遊戲中賦予英雄的偉大使命。反派必須有反派的樣子,從外形到行為方式上,必須去違反遊戲中所設定的世界觀以獲取遊戲衝突,在非對抗性的遊戲架構中,角色也必須是利益方的符號化代表。(圖4-24)

圖4-24《真三國無雙》遊戲

3. 遊戲角色的動作設計須符合遊戲的特殊設定

遊戲角色的動作有別於傳統媒體角色的動作。

(1)遊戲角色的動作應具有個性化特徵,即該角色特有的個性動作,又稱招牌動作、決定動作。例如,《街頭霸王》系列中的"春麗",她在戰鬥勝利後環抱雙手的"謝謝"動作充分展現了角色的個性。(圖4-25)

圖4-25《街頭霸王》中"春麗"

（2）遊戲角色還具備特有的待機動作，即玩家在不對角色進行任何操作時，角色會做出一些有個性的小動作。《超級瑪利歐 64》中的瑪利歐，當玩家不對他發出動作指令時，他就會開始環顧周圍，然後坐下休息。如果無操作的時間再長一些，玩家就會發現瑪利歐躺在地上睡著了。這雖然是個微小的設計，但是卻在角色與玩家之間產生了更多的互動空間。（圖 4-26）

（3）遊戲角色的動作相較真人動作要更加誇張，這點在動作類和格鬥類遊戲中表現十分明顯。如遊戲中時常會出現脫離運動規律常識的動作，纖弱的少女揮動著巨大的武器，格鬥遊戲角色的連續技能等都是較為常見的例子。所有以上的規律都統一於一個完整的遊戲設定之下。動作既是表現角色性格的重要手段，也是推動遊戲進程不可缺少的要素之一。比如瑪利歐揮臂躍起這一動作，既是馬里奧標準的跳躍動作，也是玩家攻克關卡的必備手段。而這一動作是在《瑪利歐兄弟》系列遊戲的設定背景下瑪利歐兄弟所特有的，同樣的動作如出現在《魂鬥羅》的角色身上則顯得突兀。（圖 4-27）

圖 4-26《超級瑪利歐 64》中的瑪利歐　　　　圖 4-27《魂鬥羅》

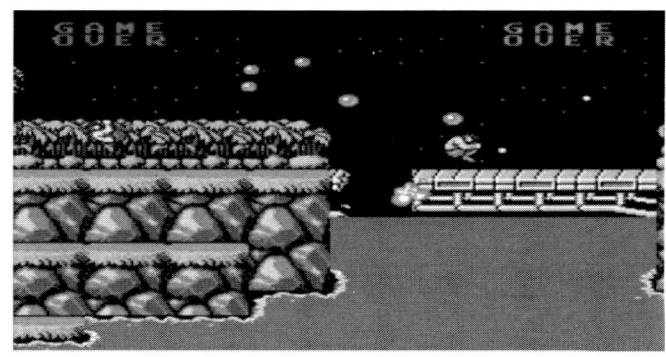

遊戲角色的台詞設計也區別於現實及傳統媒體的故事文本。除去推動情節以及建立關係和衝突這兩個基本功能外，遊戲角色的台詞設計還具有以下的特點。

（1）傳遞資訊，推動情節發展

這一點相較傳統媒體角色台詞，其線索性更加明顯和突出。特別在 RPG 和 AVG 這兩類有大量文字對白的遊戲中，角色的台詞往往隱含了大量的情節線索。

（2）將遊戲角色的心理體驗帶給玩家

對這一點表現最為明顯的是 AVG 類遊戲，在此類遊戲中，玩家扮演的角色往往都需要面對種種難題。角色台詞為玩家提供解決難題的線索的同時,也向玩家描述了角色所處的環境(自然的或心理的)，在這之中角色的扮演者——玩家自然而然地融入了角色所處的環境之中。

第三節 遊戲角色設計的模式

一、遊戲角色設計構思

遊戲角色不能憑設計師任意繪製,在動筆前先在頭腦中進行構思,根據專案的不同有所選擇。通常可以根據情況從以下兩個方面入手。

1. 根據遊戲故事來設計遊戲角色

根據遊戲故事來設計遊戲角色是最常見的角色構思方式。這樣的角色通常已經有了既定的時代背景和人物性格、身份、道具等。美工需要在滿足上述所有條件的基礎上設計出遊戲的角色,自由度較小,更多的要依靠大量的資料收集與整合。比如角色設計十分出色的《魔獸世界》中的眾多角色,戰士、法師、牧師、盜賊、術士、獵人等,角色設定已經十分明確,美工需要在滿足以上角色的職業特點及時代背景的前提下,儘量繪製出華麗精美、有吸引力的角色。(圖4-28)

圖4-28《魔獸世界》角色

2. 根據其他作品改編的遊戲角色

將已有的作品改編成遊戲的例子數不勝數。通常是原作品在社會上已經有了一定的影響力,制作團隊在其故事架構的基礎上,發展出自己的故事主線和角色。改編的故事也許與原作差距很遠,但是其精神或角色總是具有共性的,不然就失去了改編的意義。在這種情況下,美工要充分瞭解原作的精髓和改編的意圖,不要受制於原作,要做得神似高於形似。

比如中國四大名著中的《西遊記》《三國演義》和《水滸傳》就經常被改編成各種其他藝術形式，單是網路遊戲也有不下十款。這些源於同一部作品的網路遊戲在角色選取上難免雷同，在激烈的競爭中能夠脫穎而出的必定是對原作理解最深刻、角色設計最有特色的一個。

由網易研發的《夢幻西遊》從畫面中可以看出走的是唯美可愛路線，其創造理念旨在將中國古典人物的凝厚與 Q 版的意趣糅和在一起。遊戲中的角色圓潤可愛、色彩明亮，既吸取了中國風的武俠及歷史元素，又保持了《西遊記》原作的角色形象特點，較好地傳達了遊戲主推的"夢幻氣息"。同是改編自《西遊記》的網路遊戲《大話西遊 Online》,則是講述了一個神怪與武俠交錯，情感與大義並存的美麗世界。其場景設定頗具中國畫的味道，角色設計追求酷炫與飄逸，在忠於原作的基礎上強調了神話色彩，明確地傳達了遊戲深刻厚重的玄幻感和神秘感。（圖 4-29、圖 4-30）

二、遊戲角色設計模式特點
1. 高科技遊戲技術平台支援

遊戲角色的好壞是遊戲成功至關重要的因素，就在你認為自己的角色獨立成型時，遊戲角色將起到你意想不到的作用，令遊戲的成品獨一無二。在遊戲裡，玩家會扮演角色，與故事情節和環境發生互動。即使玩家因素也參與在角色的製作過程中，將角色做好仍是一個重要的開端。和其他故事媒體一樣，角色的開發需要經過謹慎考慮和完美的技術支援。

在以前，遊戲角色設計者通常想賦予角色更真實豐富的皮膚、毛髮以及裝備，但基於原來的技術，這些想法往往都不能得到完美的表達。現在，次世代遊戲製作技術的發明填補了這一空缺。

《最終幻想》原本是一款由日本 Square 軟體公司設計的電子遊戲，它是史上最暢銷的系列電子遊戲之一。從任天堂遊戲機上的《最終幻想》一代開始,至今已經走過了 10 多年，最新一集已經是 SONY PS2 遊戲機上的《最終幻想》十三代了。我們不難看出十三代的遊戲角色人物製作水準在人物的皮膚、衣物、毛髮以及整體的細節上都達到了逼真的效果，真實還原了角色設計者的意圖，讓遊戲的整體製作水準達到了電影級別的視覺享受。（圖 4-31）

圖 4-29《夢幻西遊》角色 　　　圖 4-30《大話西遊 Online》角色 　　　圖 4-31《最終幻想》十三代角色

2.遊戲角色的 2D 原畫設計與 3D 製作的關係

在遊戲的研發過程中,角色的設計和風格主要取決於原畫部門的設計。3D 角色部門的職責是要忠實再現 2D 原畫的設定,以及更好地提升成品的品質,並且根據規劃制定 3D 角色的面數、換裝系統、角色綁定以及動作的規格和技術流程,兩者之間需要極好的溝通和協調。

由於 3D 軟體的限制,2D 原畫在設計中必須充分考慮 3D 角色能否實現。比如毛髮,在硬體的限制下,毛髮不可能像製作電影和動畫那樣,用毛髮系統類比,只能以面片加透明貼圖的形式表現,但是過多的面片必然會影響引擎渲染的性能。因此在換裝的設計中,2D 原畫必須充分考慮 3D 角色制定的 換裝規格。(圖 4-32、圖 4-33)

圖 4-32《街頭霸王》2D 版本

圖 4-33《街頭霸王》3D 版本

3. 遊戲開發團隊的合作

一個完整的遊戲包含了文化、藝術、趣味性、音樂、技術等多方面的內涵，開發團隊之間的配合、協作是做好一個遊戲的首要因素。遊戲的開發過程就是各個小組之間的交流過程，策劃要負責美術風格、遊戲音樂、程式的前期規劃，而美術要體現策劃、程式所表達的各種畫面需求，程式則需要按照策劃所制訂的關卡設定、遊戲任務、平衡值等做出相應的調試。程式與美術之間則需要不斷溝通來達到美術所需要的效果。由於大型遊戲的開發團隊人數會比較多，所以美術組、策劃組、程式組自身組內的分工配合以及協調都非常重要。

本章小結：本章透過對遊戲角色設計及塑造要素進行分析，詳細地介紹了遊戲角色設計的方法與手段。透過案例分析的手法進行生動的講解，並根據遊戲的發展情況與當前的市場需求分析了遊戲角色設計的模式特點與發展前景。

思考與練習

1. 繪製一組誇張變形的遊戲角色五官。
2. 舉例分析一個經典遊戲角色的演變（從 2D 造型深化發展成 3D 造型）。

第五章
三大主要地域的經典遊戲角色分析

主要內容： 本章主要從遊戲角色的地域特點來進行典型化特徵分析，透過對經典遊戲角色造型、性格、技術動作特點、文化內涵等方面的塑造進行分析與對比，運用案例分析的方法進行講授。

本章重點： 瞭解不同地域遊戲角色的設計特點。

本章目標： 區分不同類別遊戲角色的形象特點,並掌握如何依據其分類和觀者、玩家的需要對遊戲角色進行類型化的設計。

遊戲業界習慣將世界市場劃分為三大主要區域，美洲、歐洲和日本。三大區域的遊戲角色由於文化的差異也顯現出各自不同的特點。這些特點在很大程度上也左右了他們對玩家的影響程度,即感染力的大小。

第一節 美洲的經典遊戲角色分析

美國是美洲的代表，因為無論是以前的雅達利還是現在的 EA、微軟，他們都在國際市場上佔有一席之地，並且製作了許多膾炙人口的作品。這些作品以形態逼真、場景華麗的視覺效果征服了無數玩家。

一、士官長 (Master Chief)

圖 5-1 士官長

士官長,來自 XBOX 平台遊戲《光暈》系列,同時也是遊戲的主角,本名為 Spartan-117John。士官長是遊戲中 UNSC 海軍授予他的軍銜 Master Chief Petty Officer 的簡稱,也是遊戲中其他角色對他的稱謂(大多稱呼其為 Chief)。憑藉《光暈》系列遊戲在全球 2480 萬套的銷量,士官長很自然地成了玩家注目的對象。尤其是在美國本土,他的人氣甚至可以媲美瑪利歐、音速小子、蘿拉等老牌遊戲明星。

圖 5-2《光暈》

首先是造型。士官長身著Spartan-Ⅱ特種部隊的戰鬥服，且罩著頭盔，所以相貌不詳，年齡不詳。戰鬥服類似於今天我們的太空裝，加上綠色的主色調，看起來也像是一台紮古（《高達》系列動畫中，吉翁軍的機動戰士），因此士官長在外形上就給人以未來感，且透露出其長期活動於星際之間的特徵。這樣的設計切合《光暈》的故事背景，也符合遊戲的整體設定。

其次是角色的性格與個性。士官長最顯著的"個性"就是沒有個性。而最能體現這一特點的就是他的外形特徵 ─ 穿戴整齊的Spartan-Ⅱ特種部隊的戰鬥服(遊戲中所有Spartan-Ⅱ部隊成員都穿著一樣的服裝)。遊戲中也沒有為士官長設計任何台詞。之所以做這樣的設定是因為《光暈》是一款第一人稱射擊遊戲(FPS)，在第一人稱視角下，角色所見就是玩家所見，因此玩家可以身臨其境般地體驗故事，為了讓玩家更充分地進入角色,所以在遊戲中"抹殺"了士官長的固有性格。如此一來，士官長將作為玩家的分身，以玩家自己的個性來體驗遊戲世界，極大地提升了玩家的代入感。

再次是角色的技術動作。遊戲對角色動作的設計力求真實，但是由於採用的是第一人稱視角，所以玩家通常是看不到士官長的身體動作的。但是，當玩家做出動作時，鏡頭的晃動也能讓玩家在腦中形成該動作的影像。並且，玩家能夠透過戰場上夥伴的各種動作來印證腦中影像。精確到位的動作表現配合第一人稱的視角為玩家帶來了真實的臨場感。玩家透過士官長的眼睛，猶如置身其中般地見證了這次壯大而慘烈的戰爭。注入了玩家許多情緒的化身─士官長自然也就會深深地留在玩家心中。

最後是士官長這一角色的文化內涵。二戰後，美國參與了多次局部戰爭，其中越戰成了他們永遠無法磨滅的傷痛。在這場戰爭中，美軍死亡人數近6萬，是伊拉克戰爭死亡人數的14倍，阿富汗戰爭死亡人數的400倍，是二戰後歷次戰爭中死亡人數最多的一場戰爭。《光暈》所講述的不僅僅是人類與外星種族的戰爭，實質是借用了這場種族之爭來講述人類的故事。玩家透過參與遊戲中的各個戰役，也必定能夠體會到巨大勝利背後的沉重代價。

二、馬克斯·費尼克斯 (Marcus Fenix)

圖 5-3 馬克斯·費尼克斯

馬克斯·費尼克斯（Marcus Fenix）（圖5-3）是XBOX 360平台遊戲《戰爭機器》的主角。遊戲故事講述的是在未來世界的塞拉星球上人類與地底種族羅卡斯之間的生存之戰。（圖5-4）

同樣是以種族鬥爭為題材的射擊遊戲，同樣是拯救人類於危難的大英雄，馬克斯·費尼克斯卻比士官長更有"立體感"。

圖5-4《戰爭機器》

造型。《戰爭機器》採用的是第三人稱視角，雖然這種視角不及第一人稱視角那樣能夠把玩家感覺真實地帶入角色之內，但是這樣的視角卻讓玩家擁有如攝像機一般更加廣闊的視野，還可以讓玩家在意境中更好地與角色聯繫起來。玩家在遊戲過程中能夠看到他們的化身馬克斯·費尼克斯那壯碩的身體、歷練的眼神、傷疤以及不十分友善的容貌。這些特徵都與遊戲中對馬克斯·費尼克斯過往經歷的描述有著密切的聯繫，這就使玩家對自己的化身有了更深一步的瞭解，進而對角色的一言一行產生更強的共鳴。（圖 5-5）

圖 5-5 馬克斯·費尼克斯

性格。馬克斯·費尼克斯本為維安政府聯盟的軍官，後為拯救深陷危機的父親而違抗軍令，遭軍事法庭判處 40 年有期徒刑。軍人的身份讓他具備了敏銳、勇敢的性格特質；囚徒的生活則使他的眼神中多了幾分憤怒和仇恨。俗話說"面由心生"，4 年的囚徒生活或許就是馬克斯·費尼克斯具有那不友善面龐的原因之一。（圖 5-6）

圖 5-6　馬克斯·費尼克斯

　　技術動作。《戰爭機器》為玩家設計了"一鍵完成"系統。這個系統設計極大地方便了玩家的操作，使用這個系統，玩家可以幾乎只用一個按鍵就能讓馬克斯·費尼克斯隨心所欲地完成各種各樣的繁雜戰術動作，使玩家可以更好地將精力集中到對戰術的思考上，增加取勝的概率。而通過那些由玩家主觀導演，神態逼真的戰術動作，最終戰勝對手奪取勝利的結局，往往會給玩家留下一種意猶未盡的愉悅感。在這種美感反覆的作用下，玩家潛意識裡就會將遊戲角色牢牢地銘刻在心底。

　　文化內涵。從士官長到馬克斯·費尼克斯，一批遊戲經典角色都是拯救人類於滅亡邊際的大英雄。而在成為英雄之前，他們不過是一個普通的士兵，甚至是失去人身自由的囚徒。但在命運車輪的帶動下，他們不由自主地身陷亡種滅族的危難漩渦。而在拯救種族的殘酷鬥爭中，他們憑藉自己的智慧和不懈的努力，最終在解救了種族危難的同時也成就了自己。這類"民間英雄"在美國的影視和動漫作品中比比皆是。他們是自愛自強，勇於為正義、為大眾利益英勇奮鬥的英雄化身，也是最受美國民眾追捧的角色類型。這種形象之所以在美國受到人們熱捧，是與美國人追求平等，不拘泥於成規的民族特性和傳統文化密切關聯的。從這個角度來看，這些英雄人物也可以說是美國民族的文化符號之一，而這也正是士官長和馬克斯·費尼克斯能夠在美國玩家之中引起強烈共鳴的根本原因。

第二節 歐洲的經典遊戲角色分析

　　作為整個西方文化發源地的歐洲，其文化底蘊遠超美國，並且其技術能力與美國相比也毫不遜色。近些年來，歐洲各國，尤其是以英、法為代表的歐洲國家正在原創遊戲研發領域大踏步地前進。在人們漸漸厭倦美國好萊塢式遊戲體系的時候，歐洲大陸湧現了不少優秀的遊戲作品，如：《古墓奇兵》《神鬼寓言》《波斯王子》《分裂細胞》等。這些遊戲少了美國遊戲那種硬派和蠻氣，而更多地融入了中世紀文藝復興時期的文化餘香。角色塑造以貴族英雄為主，減少了剛毅、勇敢、暴力的特徵，突顯睿智、果敢、勇於犧牲、溫文爾雅的紳士風度，使角色顯得更加人性化、大眾化和生活化。這類遊戲宣揚的是追求自由、平等、幸福生活是每個人的權利的理念和"知識就是力量"的價值觀，當中自然也出現了不少令人們津津樂道的經典遊戲角色。

一、瘋狂兔子 (Rabbid)

圖 5-7 瘋狂兔子

在威望迪(Vivendi)之前,育碧軟體曾是法國遊戲行業的領頭羊,即便是今天,它也以《波斯王子》《雷曼》等系列遊戲成為世界第三大遊戲軟體商。瘋狂兔子（圖5-7）誕生於2006年,來自育碧的拿手作品《雷曼》系列,後來因為市場反應良好而形成了一個獨立系列。（圖5-8）

造型。滾圓的大眼睛能夠讓人聯想到日常生活中精力旺盛、思維奇特甚至癲狂的人,他們對世界充滿著好奇,人們無法預測他們的行動模式。配上兩頭身的身體比例和短小的手足,會讓人覺得這個角色很滑稽,但是又覺得應該提防。日本玩家把瘋狂兔子形容為"帶點噁心的可愛型角色"。（圖5-9）

性格。正如它們的名字一樣—Ｒａｖｉｎｇ。在這一特徵之下的,是單純和天真。因為瘋狂兔子單純、天真,所以它們可以隨想而動,不受約束。也正因如此,它們在習慣了日常的條條框框的人們眼中才會顯得"瘋狂"。（圖5-10）

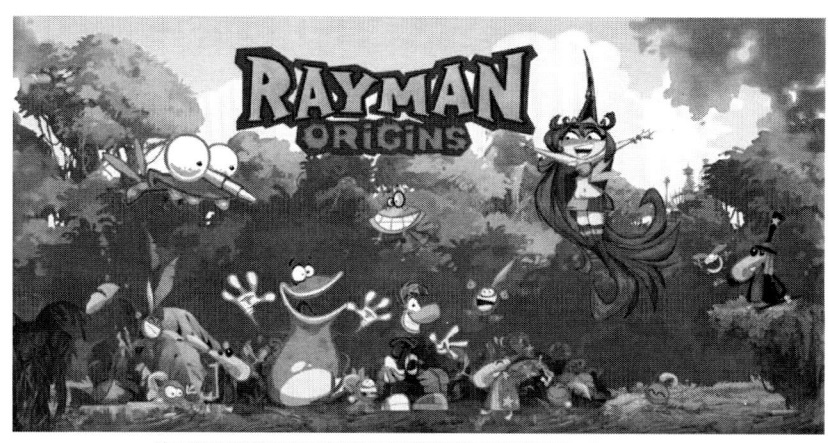

圖 5-8《雷曼》系列

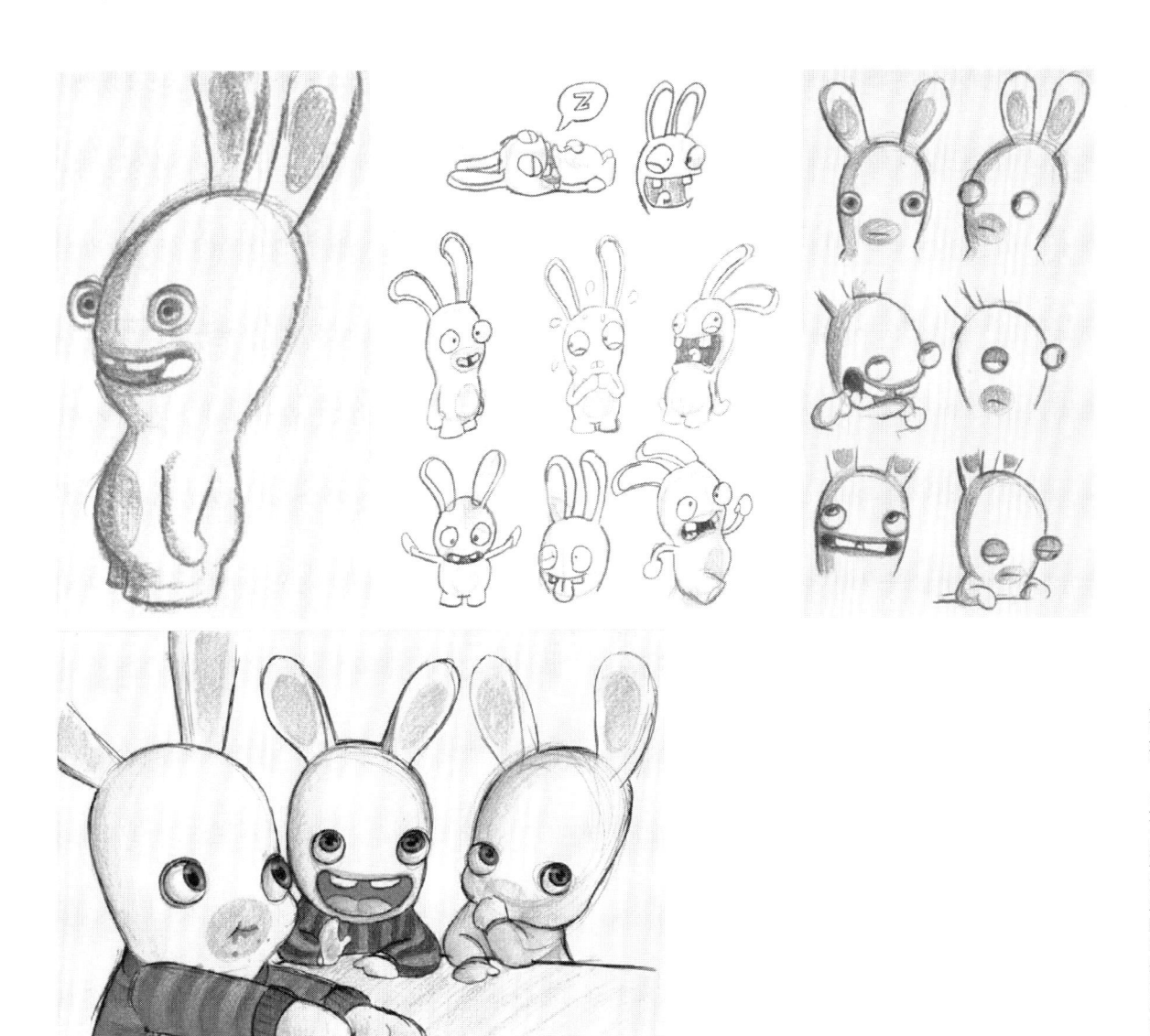

圖 5-9 瘋狂兔子

圖 5-10 瘋狂兔子

第五章 三大主要地域的經典遊戲角色分析

技術動作。兔子們雖然身材渾圓，但是動作敏捷迅速，這是它們精力旺盛的體現。一邊發出"DAAAAAAAH"的叫聲，一邊四處亂竄體現了它們的瘋狂，也成了瘋狂兔子的標誌性動作。

文化。《瘋狂兔子》系列讓兔子們（主角）成了"惡"的一方，它們既沒有英國人的紳士風度，也沒有法國人的多情浪漫，它們完全依照自己的本能來行事。如果將蘿拉·卡芙特比喻為嚴於律己的騎士，那麼這些兔子就是直言不諱的頑童，它們代表了歐洲人性格的另一個側面—對心靈自由、放縱的追求。在如今快節奏的日常生活中，瘋狂兔子率性的表現點燃了玩家心中小小的"邪念"。玩家在遊戲中透過扮演這些"頑童"從而體驗"作惡"的樂趣，進而獲得舒心一笑，以求緊張疲憊的身心隨著那舒心一笑和兔子們那誇張的叫聲獲得片刻的放鬆。這也是《瘋狂兔子》擁有眾多玩家的重要原因之一。（圖 5-11）

圖 5-11《瘋狂兔子》

二、蘿拉·卡芙特 (Lara Croft)

圖 5-12 蘿拉·卡芙特

　　蘿拉·卡芙特，通稱蘿拉，來自遊戲《古墓奇兵》。（圖 5-12）她以"最成功的電子遊戲人類女英雄"的稱號被載入吉尼斯世界紀錄。由安潔莉娜·裘莉主演的《古墓奇兵》真人電影更是讓勞拉得到了主流社會的認可。遊戲角色蘿拉的首次亮相是在 1996 年由英國遊戲公司 Core Design 製作，Eidos 負責發行的 PC 平台遊戲《古墓奇兵》上。在當時 PC 平台上以硬漢加主視角射擊為主流的遊戲大環境下，一個"英國貴族女英雄的冒險故事"這樣的主題設定讓《古墓奇兵》顯得獨具一格，更具眼球吸引力。（圖 5-13）

圖 5-13《古墓奇兵》

113

造型和技術動作。蘿拉以一位女性英雄的姿態登場，在當時的"硬漢集團"當中本來就已經十分顯眼。牛仔短褲和緊身上衣的標準配置又將她那火辣的身材展露無遺，配上蘿拉式的用雙槍一邊射擊一邊移動，使得她格外受玩家的青睞。此外，蘿拉輕便的裝束和細長的髮辮讓她能夠在各種複雜的地形裡自如地活動，也凸顯了她在遊戲中探險者的身份特徵。

從1996年至今，蘿拉的角色模型不斷演變，棱角也變得越來越圓滑，服飾、道具的材質變得越來越逼真，翻滾、跳躍、攀爬等動作顯得越來越精準、流暢。玩家也因此愈加折服於蘿拉這個"古墓奇兵"之下，而這一切都得益於不斷升級的三維數位技術。新技術就如同新鮮血液注入肌體一般，使遊戲角色顯得血肉更為豐滿，精神更加煥發，猶如浴火後灰燼中新生的鳳凰，展現在人們眼前的是一個更加絢麗的新形象。（圖5-14）

性格特徵和文化背景。蘿拉是對謙卑、榮譽、犧牲、英勇、憐憫、誠實、精神、公正的騎士精神的完美體現。她生長於歐洲的貴族家庭，接受過良好的教育，平常待人處世謙虛得體、彬彬有禮，舉手投足無不體現出名門閨秀之大家風範。在探險的過程中，她則顯得勇敢機警，聰慧過人。這些性格特徵迎合了歐洲人的審美習慣，為蘿拉在歐洲市場打下了良好的"觀眾基礎"。

圖5-14 蘿拉·卡芙特

第三節 日本的經典遊戲角色分析

日本是動漫和遊戲的輸出大國，其產品在世界範圍內都有著重大的影響力。尤其在亞太地區，許多國家和地區的動漫和遊戲產品都帶著濃重的"日本風味"。

一、天照大神和一寸法師

天照大神和一寸法師是日本著名遊戲製作人神谷英樹製作的遊戲《大神》中的主角。遊戲的平台為 PS2,於 2006 年 4 月 20 日發售。遊戲以架空的古代日本為舞台，並以日本畫水墨風格的 3D 繪圖作為表現手法。遊戲在劇本、音樂上得到的評價也很高。（圖 5-15）

水墨線條的外輪廓和樸實明快的色調表現，自然地融於遊戲的整體風格之中。天照大神乃是天神,但在普通人(遊戲中的大部分 NPC)眼中只是一匹白色的狼。玩家以及遊戲中靈力很強或者對神的信仰很高的人看到的天照大神，是身上帶有"神印"（紅色的花紋）的天神的姿態。（圖 5-16）

遊戲角色的性格。按照一寸法師的說法是"老在那兒發呆"，天照大神在與一般人的交流過程中也顯現出呆頭呆腦的樣子，甚至在敵人面前也由於"呆"而被瞧不起。而實際上，天照大神有著很深的思緒。例如，在遊戲進行到後半段時,天照大神就在一寸法師不知情的情況下和卑彌呼女王定下了討伐某個妖怪的密約，由此可看出其有著凡人所不及的智慧，這也是作為神明應有的特質。

一寸法師是與天照大神同行的小人族。在遊戲過程中，玩家幾乎看不到一寸法師的容貌。讓人印象深刻的是他如蟲子一般在天照大神身上碰碰跳跳的姿態，以及狂傲、喋喋不休和極易"敗於"女色之下的性格特徵。

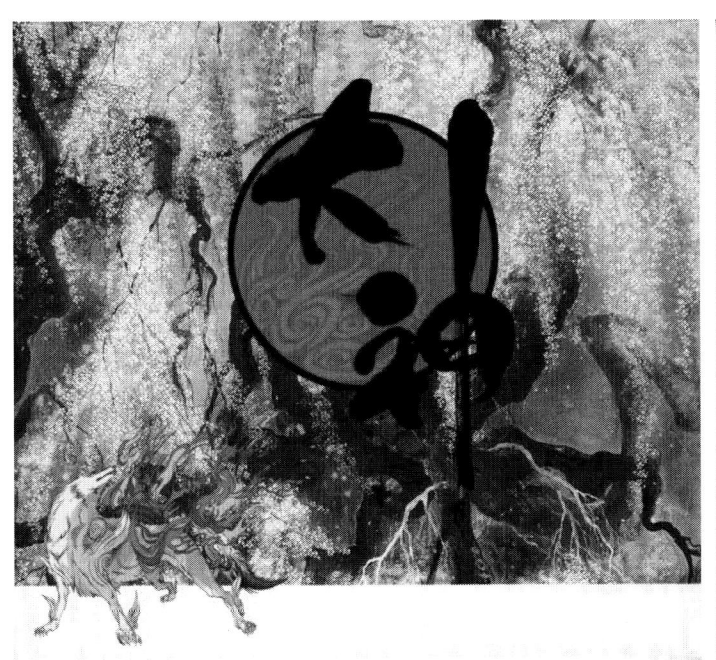

圖 5-15《大神》　　　　圖 5-16 天照大神

遊戲角色的技術動作。以動物做主角且不做任何類人化處理的遊戲並不多見。因為在動物的形態下可表現的動作不多，特別是在戰鬥的場合，如果動作太少勢必會讓玩家覺得單調重複。所以在遊戲中為天照大神提供了鏡、勾玉和劍三種神器作為他的武器，使天照大神能夠在戰鬥中做出豐富的攻擊動作。另外，天照大神的一系列犬類動作，如：刨地，用嘴叼拾物品，挑釁等，"萌"倒了許多玩家，其中不乏女性玩家。

　　遊戲角色的文化表現。天照大神和一寸法師這樣的組合，為比較嚴肅和陳舊的遊戲主題增添了些許新意。圍繞著天照大神和一寸法師的組合，遊戲過程中出現了許多可愛且有趣的小插曲。這些看似細小的設定都反映出日本人在面對逆境時，勇敢正面對待並能苦中作樂的積極心態。該遊戲本身就是對日本傳統文化的宣揚。此外，透過 3D 繪圖技術所描繪出來的水墨畫卷般的世界充滿了東方 淡雅、磅礡的氣韻，這是對東方文化的敬意與弘揚。或許是偶然，自 2006 年開始，水墨風格開始在 世界範圍內風靡，許多媒體和廣告都運用了水墨等東方藝術元素。《大神》的成功再次印證了一句 著名的俗語：民族的，就是世界的。

二、音速小子

圖 5-17 音速小子

音速小子(SONIC)來自世嘉1991年推出的遊戲《刺蝟音速小子》（簡稱"音速小子"），是世嘉的代表性角色，也是世嘉為抗衡任天堂的瑪利歐而精心創作的遊戲角色。（圖5-17）

　　遊戲角色的造型和動作。作為英雄，特別是世界級的英雄，需要一個具有高辨識度的外表。在這方面，製作者無疑事前做了充分的考慮。首先，"刺蝟"這一外形已經使音速小子在其他的英雄當 中顯得格外突出；其次，修長的身材配上大手套、大跑鞋讓音速小子在"演出"時的動作表現更富有特色；最後，藍色的主色調在視覺感受上與音速小子那高傲、冷靜的性格相映成趣。這幾方面結合起 來，音速小子留給玩家的印象當然會深刻難忘。（圖5-18）

圖5-18 音速小子

音速小子的另一個顯著特徵是"速度"，這同時也是遊戲的主要賣點之一。音速小子平常的奔跑速度可以達到262m/s，全力奔跑則可以達到408m/s。為了讓玩家能夠在遊戲中體驗到高速度所帶來的快感，遊戲的操作設計得異乎尋常的簡單，只需使用方向鍵和跳躍鍵即可完成遊戲。透過簡單的操作完成複雜的動作，這無疑是音速小子受到眾多玩家青睞的又一個"秘密"。

　　遊戲角色的性格和文化。遊戲的故事發生在南方的一個島嶼上，音速小子為了從蛋頭博士(Dr·Eggman)手中拯救自己所生長的島嶼而戰鬥。因此，音速小子和斯內克一樣，性格上是一把浸潤武士道精神的"守護之劍"，而音速小子還富有西部牛仔的味道。由此可見，音速小子同樣是製作者精心打造的一個"東西合璧"的角色。這也是他能夠廣受東西方玩家歡迎的重要因素之一。

三、Snake

1987年由科樂美在ＰＳ平台推出的遊戲《潛龍諜影》讓兩個名字響徹業界。一個是《潛龍諜影》的製作人小島秀夫，另一個就是遊戲的主角索利得·斯內克(Solid Snake,亦稱"固蛇")。（圖5-19、圖5-20）遊戲角色的造型和技術動作。斯內克，男，30多歲，身高182cm，身體健壯，身穿特製的灰色調強化緊身衣。灰色調與緊身衣易於玩家在執行任務過程中隱藏自己，這不光符合常理，而且"英雄+緊身衣"的組合迎合了西方玩家的審美癖好。遊戲中還為斯內克設計了豐富的"隱身"動作和道具，其中最著名的就是紙箱。將紙箱扣在身上，一邊躲開敵人一邊前進成了斯內克的標誌性動作。類似這樣的小幽默體現了日本人善於苦中作樂的性格特徵。（圖5-21）

圖5-19 Snake

圖5-20《潛龍諜影》

圖 5-21 Snake

遊戲角色的性格和文化。遊戲中對斯內克的設定是被委派完成各類隻身潛入敵方執行任務的特種兵，因此在性格設定上也必然要與這一職業特性相符，冷靜、顧全大局是斯內克最顯著的性格特徵。如斯內克在任務中偶遇的同伴梅麗爾因為大意被敵人俘獲，雖然斯內克心中擔憂梅麗爾的安危，但是在國家的命運之前，他毅然選擇了優先完成自己的任務。這一段情節在當時不知讓多少玩家內心憤懣。

斯內克在玩家眼中即代表著"英雄"這一符號，但是這個"英雄"又與以往的"英雄"有所區別。如果將"英雄"比作一把劍，那麼以往的"英雄"大多是斬殺之劍，但斯內克這個"英雄"則是一把守護之劍，他僅為守護自己最重要的東西而揮動。在遊戲中，玩家不難發現，斯內克外形雖為西方人，可骨子裡卻透露出日本的武士道精神。這樣的設定不單讓斯內克在日本本土站穩了腳跟，也讓好奇於東方文化的西方玩家為斯內克買了單。

硬朗、堅毅的臉龐，矯健的身手，忠貞、隱忍、能屈能伸，這些因素融合在一起造就了斯內克這個擁有西方人的外表，但是體內卻流淌著東方人血液的典型角色，他是西方人和東方人都喜歡的藝術形象。

本章小結：本章以案例分析的手法對三大主要地域的經典遊戲角色進行分析，使學生能更好地理解為什麼在設計與製作遊戲角色時應凸顯其典型化的形象特點，更好地為遊戲角色設計打下基礎。

思考與練習

試分析一個中國遊戲的經典形象。

後記

　　《角色動畫設計》一書是集合遊戲動漫角色美學原則和角色設計製作原理的專業設計理論書籍。在此書的編寫過程中，得到了叢書主編對本書的全面指導，同時王煤老師的支持和幫助，在此，對各位老師表示深深的謝 意。

　　對於編寫本書所參考的資料，已將主要書目列出。此外有一部分資料散見於雜誌、報刊、網路之中，出處不能一一列舉，希望得到資料作者的諒解。由於作者學識水準有限，在本書中認識之錯誤及其他不足之處自知不可避免，請專家和讀者指正。

汪蘭川

國家圖書館出版品預行編目（CIP）資料

角色動畫設計 / 汪蘭川, 張娜, 周越 編著. -- 第一版.
-- 臺北市：崧博出版：崧燁文化發行, 2019.04
　　面；　公分
POD版

ISBN 978-957-735-759-5(平裝)

1.電腦動畫 2.電腦遊戲

312.8　　　　　　　　　　　　　108005066

書　　名：角色動畫設計
作　　者：汪蘭川, 張娜, 周越 編著
發 行 人：黃振庭
出 版 者：崧博出版事業有限公司
發 行 者：崧燁文化事業有限公司
E - m a i l：sonbookservice@gmail.com
粉絲頁：　　　　網址：
地　　址：台北市中正區重慶南路一段六十一號八樓815室
8F.-815, No.61, Sec. 1, Chongqing S. Rd., Zhongzheng
Dist., Taipei City 100, Taiwan (R.O.C.)
電　　話：(02)2370-3310　傳　真：(02) 2370-3210
總 經 銷：紅螞蟻圖書有限公司
地　　址：台北市內湖區舊宗路二段 121 巷 19 號
電　　話:02-2795-3656 傳真:02-2795-4100　網址：
印　　刷：京峯彩色印刷有限公司（京峰數位）
本書版權為西南師範大學出版社所有授權崧博出版事業股份有限公司獨家發行
電子書及繁體書繁體字版。若有其他相關權利及授權需求請與本公司聯繫。

定　　價：250元
發行日期：2019 年 04 月第一版
◎ 本書以 POD 印製發行